Saggi Tascabili Bollati Boringhieri
24

John Gribbin
con la collaborazione di Mary Gribbin

IL CAPOLAVORO DI EINSTEIN

IL 1915 E LA TEORIA GENERALE DELLA RELATIVITÀ

Traduzione di Simonetta Frediani

Bollati Boringhieri

Prima edizione in «Saggi Tascabili Bollati Boringhieri» ottobre 2017

Titolo originale *Einstein's Masterwork. 1915 and the General Theory of Relativity*

Torino, corso Vittorio Emanuele II, 86
Gruppo editoriale Mauri Spagnol
ISBN 978-88-339-2928-6

www.bollatiboringhieri.it

Stampato in Italia dalla Micrograf S.r.l. di Mappano di Caselle (To)

Anno				Edizione						
2020	2019	2018	2017	1	2	3	4	5	6	7

Indice

Introduzione

Nel 1905, Albert Einstein pubblicò quattro articoli scientifici che hanno avuto una profonda influenza sulla scienza del Novecento. Il nome di Einstein è noto a tutti e uno di quegli articoli contiene un'equazione, $E = mc^2$, che è la più famosa di tutta la scienza. Per un altro contributo di quell'anno, Einstein ricevette il premio Nobel. Per tutti questi motivi, il 1905 è detto l'*annus mirabilis* di Einstein. Se non si fosse più occupato di scienza dopo il 1905, Einstein sarebbe comunque ricordato come un genio; tuttavia nessuno di questi risultati, per quanto straordinari, rappresenta il suo lavoro più importante. Esattamente dieci anni dopo, nel 1915, Einstein presentò il suo capolavoro all'Accademia prussiana delle scienze: una teoria della gravità, della materia, dello spazio e del tempo che ci è nota come la teoria generale della relatività e che egli descrisse come la teoria più preziosa della sua vita. Questa teoria descrive l'evoluzione dell'Universo, i buchi neri, il comportamento delle stelle di neutroni orbitanti, le lenti gravitazionali e il motivo per cui sulla superficie della Terra il tempo scorre più lentamente che nello spazio, e arriva persino a suggerire la possibilità dei viaggi nel tempo. Einstein completò il suo lavoro durante la prima guerra mondiale, a Berlino, dove in seguito soffrì di malnutrizione per la scarsità di cibo dovuta all'embargo imposto dagli alleati ai danni della Germania e fu assistito dalla cugina Elsa, che diventò la sua seconda moglie. La precisione della sua teoria fu confermata dagli astronomi inglesi, in un momento in cui la Gran Bretagna e la Germania tecnicamente erano ancora in guerra. Ancora oggi, però, la teoria generale è meno celebrata dei risultati del 1905, poiché è considerata «troppo difficile» per poter essere capita dai comuni mortali. Spero di convincervi che si tratta di un giudizio sbagliato e di chiarire perché i risultati del 1915 meritino di essere celebrati almeno quanto quelli del 1905.

La teoria ristretta della relatività, uno dei risultati del 1905, è ristretta nel senso che descrive «soltanto» il comportamento di oggetti che si muovono in linea retta a velocità costante. Anche se il nome stesso indica che la teoria generale è qualcosa di più grande, a causa dell'opinione diffusa (e sbagliata) che sia troppo difficile per i profani, gli eventi del 1915 sono stati meno celebrati di quelli del 1905.[1] In realtà, capire i punti fondamentali della teoria generale è facile, anche se le equazioni vanno accettate sulla fiducia, e questa comprensione dovrebbe convincervi - correggendo l'idea sbagliata che la teoria ristretta sia il risultato più importante di Einstein - che il suo anno grandioso fu proprio il 1915 e non il 1905. Intendo però dimostrarlo inserendo la scienza di Einstein nel contesto della sua vita e del suo lavoro prima e dopo il 1915, quindi anche nell'*annus mirabilis*.

Come sempre, sono grato all'Università del Sussex e alla Alfred C. Munger Foundation per avermi offerto, rispettivamente, una base e un contributo per i miei viaggi e altre spese. Ringrazio anche Estelle Asmodelle per avermi aiutato a rintracciare le fonti.

[1] A rischio di essere pedante, mi pare opportuno precisare che, sebbene per brevità si usi dire «relatività ristretta» e «relatività generale», è la teoria a essere generale o ristretta, non la relatività.

Il capolavoro di Einstein

La scoperta più preziosa della mia vita ... È una teoria di incomparabile bellezza.

Albert Einstein, 1915

Se Einstein non avesse creato la teoria ristretta della relatività nel 1905, l'avrebbe fatto qualcun altro nell'arco di poco tempo, entro quattro o cinque anni. In generale, questa è la situazione di quasi tutti i progressi della scienza: sono nell'aria; se non li compie A, lo farà certamente B. La relatività generale è la straordinaria eccezione, forse l'unica del secolo [XX]. I più eminenti fisici teorici – Dirac l'ha affermato senza riserve – concordano sul fatto che, se Einstein non avesse creato la teoria generale della relatività [nel 1915], nessun altro l'avrebbe fatto, forse fino a oggi, forse per generazioni.

Charles P. Snow,
in Alexander Moszkowski, *Conversations with Einstein*

1.

L'inizio

Nel 1905, Albert Einstein fu lo scienziato che produsse il più importante insieme di idee dopo Isaac Newton. L'immagine iconica che abbiamo di Einstein è quella del genio canuto, di un guru saggio e paterno, un incrocio tra Dio e Harpo Marx, ma nel 1905 Einstein era un giovanotto di bell'aspetto (compì ventisei anni il 14 marzo), che in precedenza era stato una specie di donnaiolo, ma allora era da poco sposato e padre di un bambino piccolo. Quando pubblicò gli articoli scientifici che lo resero famoso non aveva neanche un dottorato.

Newton ed Einstein furono tanto speciali perché ebbero non una sola idea brillante (come, per esempio, Charles Darwin con la sua teoria della selezione naturale), ma una gran varietà di idee brillanti, a distanza di pochi mesi l'una dall'altra. Questo non è l'unico punto che accumuna i due grandi scienziati. Nel 1666, Newton compì ventiquattro anni e, pur essendosi già laureato all'Università di Cambridge, per gran parte del 1665 e del 1666 non ebbe la possibilità di ottenere la nomina di *fellow* al Trinity College, poiché l'Università era stata chiusa a causa della peste; si ritirò nella casa di famiglia, nel Lincolnshire, e lì lavorò in isolamento. Nel 1905, il ventiseienne Einstein si era già laureato al Politecnico federale di Zurigo, ma non riuscì a ottenere un incarico in nessun ateneo; accettò quindi un impiego subordinato all'Ufficio brevetti di Berna e si dedicò agli argomenti scientifici lavorando in isolamento a casa nel tempo libero – e anche, come ammise in seguito, durante le ore di lavoro.

Accade spesso, specialmente nelle scienze teoriche e nella matematica, che si producano i propri lavori migliori tra i venti e i trent'anni, anche se non si tratta di risultati paragonabili a quelli ottenuti da Newton o Einstein. Qui, però, le somiglianze tra i due geni si fermano. Newton era un solitario per scelta, che ebbe pochi amici e non si sposò mai; la sua opera più importante, per la maggior parte realizzata nel 1665-66, fu pubblicata soltanto in seguito, in varie fasi, su pressione di colleghi che erano venuti a conoscenza delle sue scoperte. Einstein era un uomo socievole e un padre di famiglia, ansioso di affermarsi nel mondo accademico; sapeva quanto fosse importante rendere pubbliche le sue scoperte, e lo fece non appena poté. Era l'unica possibilità di lasciare l'Ufficio brevetti e ottenere un incarico accademico. Ma che cosa faceva in un Ufficio brevetti l'uomo che poi è stato considerato come il più grande genio del Novecento?

Infanzia e adolescenza

Albert era nato a Ulm, in Germania, nel 1879. Nell'estate dell'anno successivo, la famiglia si trasferì a Monaco, nella Germania meridionale, dove il padre di Albert, Hermann, aprì insieme al fratello Jakob una piccola fabbrica che produceva apparecchiature elettriche. Jakob si era laureato al Politecnico di Stoccarda e forniva il know-how necessario; il denaro richiesto per avviare l'impresa fu offerto dalla famiglia della madre di Albert, Pauline. Hermann aveva un ruolo amministrativo e gestiva l'impresa. Jakob e la moglie Ida vivevano in una bella casa nei dintorni di Monaco insieme a Hermann, Pauline e il piccolo Albert.

Lungi dal manifestare qualche segno di genialità precoce, il piccolo Albert fu così lento a imparare a parlare da far temere ai suoi genitori che avesse qualche problema. Iniziò a parlare solo dopo aver compiuto due anni, però sin dal principio usò frasi corrette, studiando con calma le parole tra sé e sé e poi sussurrandole prima di pronunciarle a voce alta. Sua sorella Maja, nata nel novembre 1881, raccontò la reazione di Albert alla sua nascita, che le era stata riferita dalla madre quando era abbastanza grande per capire. A quanto pare Albert, a cui avevano detto che presto avrebbe avuto qualcosa di nuovo con cui giocare, si aspettava un giocattolo; quando gli presentarono la sorellina, domandò dove fossero le ruote.[1] Nonostante il legame affettuoso che si sviluppò tra fratello e sorella, da piccolo Albert era soggetto a scoppi di collera e diventava violento, lanciando oggetti alla persona più vicina – che fin troppo spesso era Maja. Secondo una leggenda di famiglia, una volta Albert la colpì in testa con una zappa e all'età di cinque anni cacciò di casa la sua prima insegnante di violino scaraventandole addosso una sedia. La madre, che amava la musica, fu però abbastanza tenace e risoluta da fare in modo che continuasse a prendere lezioni di violino – che gli piacesse o no –, finendo per instillargli un amore per la musica che per tutta la vita alleviò le tensioni della sua attività scientifica. E Albert aveva talento – in seguito, quando a sedici anni studiava alle superiori in Svizzera, un ispettore scolastico lo scelse per un encomio: «uno studente, [di nome] Einstein, ha brillato per la sua commovente esecuzione dell'adagio di una sonata di Beethoven».[2]

L'amore materno di Pauline era severo e volto alla responsabilizzazione dei figli. Quando aveva solo quattro anni, Albert fece una visita guidata del quartiere insieme ai genitori, che da quel momento non solo gli permisero di uscire e camminare per le strade da solo, ma lo incoraggiarono spesso a farlo, anche se nelle prime escursioni solitarie lo tennero d'occhio da lontano, a sua insaputa. Uno dei percorsi che si trovò regolarmente a compiere da solo era quello per andare e tornare da scuola. Gli Einstein, che erano ebrei laici, iscrissero il figlio nella scuola più vicina, indifferenti al fatto che fosse cattolica, e fu lì che Albert ricevette la sua prima istruzione formale, basata sulla vecchia tradizione di apprendimento a memoria e su una disciplina rigorosa imposta con punizioni regolari. Il disamore di Albert per la scuola si rafforzò quando aveva solo cinque anni ed era a letto ammalato. Suo padre gli diede una bussola magnetica per combattere la noia e Albert si incuriosì per come l'ago cercasse sempre di indicare il nord, indipendentemente da come voltasse e rivoltasse lo strumento. Fu affascinato dall'idea di una forza invisibile che tenesse sotto controllo l'ago della bus-

[1] I ricordi di Maja sono conservati presso gli Albert Einstein Archives di Princeton.
[2] Einstein 1987-2006.

sola e si meravigliò che nessuno dei suoi insegnanti a scuola gli avesse mai mostrato qualcosa capace di suscitare in lui metà dell'interesse che provava per quell'oggetto. L'episodio contribuì a instillare in lui la precoce convinzione che sarebbe stato meglio capire le cose da solo, stando al di fuori del sistema.

Negli anni in cui frequentò la scuola cattolica, la sua ostinazione a farsi strada da solo nel mondo portò a uno sviluppo curioso. All'epoca, i regolamenti comunali di Monaco prescrivevano che tutti gli studenti ricevessero un'educazione religiosa e i genitori di Albert, pur non avendo problemi a fargli frequentare una scuola cattolica, non potevano accettare che venisse indottrinato nella fede cattolica. Per assolvere ai propri doveri, incaricarono un parente di insegnare ad Albert la fede ebraica – giusto per una questione di forma, pensavano. Con grande sorpresa di tutti, Albert mostrò un grande entusiasmo per quell'insegnamento e divenne una sorta di fanatico religioso: iniziò a osservare tutti i riti che i suoi genitori avevano abbandonato, si rifiutava di mangiare maiale e creava inni che cantava tra sé e sé mentre andava a scuola al mattino. Questa fase religiosa durò più o meno fino a quando Albert compì dodici anni e frequentava da due anni il ginnasio locale. La perdita delle fede fu una conseguenza diretta della sua scoperta della scienza; tuttavia questa scoperta non era dovuta alla scuola superiore, ma in tutto e per tutto a un giovane studente di medicina, di nome Max Talmey.

Hermann e Pauline Einstein, pur non seguendo tutte le tradizioni religiose della propria fede di origine, ne avevano mantenuto un'usanza. A quell'epoca, tra le famiglie ebree di ceto medio era tradizione aiutare giovani studenti che avessero difficoltà economiche, e gli Einstein avevano preso l'abitudine di invitare a cena Talmey,[3] che veniva dalla Polonia, una volta alla settimana. Fu Talmey a far conoscere ad Albert, che quando si incontrarono aveva dieci anni, le più recenti idee scientifiche, discutendole con lui come se fosse un adulto. Talmey gli prestò libri di divulgazione scientifica, gli fece conoscere l'algebra e nel 1891 gli diede un libro di geometria. In seguito Einstein descrisse la lettura di quel libro come il fattore

[3] Il suo cognome a volte viene tradotto come «Talmud».

di per sé più importante che lo aveva fatto diventare uno scienziato. Lo affascinò l'idea che fosse possibile, partendo da semplici premesse, usare la logica matematica per costruire verità assolute, come il teorema di Pitagora. Di lì a un anno aveva studiato da solo il programma di matematica dell'intero corso di studi. Ai suoi occhi, la scuola era ormai un inutile spreco di tempo. Aveva anche perso la fede in Dio e ora, nella sua visione di adolescente, la religione era uno degli elementi dell'inganno perpetrato dallo Stato per manipolare i cittadini, in particolare i giovani.

Quando si era iscritto al Luitpold Gymnasium, Albert era partito bene, riuscendo facilmente a stare al passo dei compagni; tuttavia, benché si trattasse di una delle migliori scuole del suo genere, la combinazione del rigido sistema educativo, della perdita della fede e della scoperta di poter procedere nel programma studiando da solo lo portò a trascurare i suoi doveri di studente. Continuò a prendere buoni voti in matematica, ma non riusciva a capire il senso di materie come il greco e si guadagnò la fama di essere un piantagrane insolente. Un aneddoto familiare narra che il padre di Albert fu convocato a scuola e si sentì dire che suo figlio era un piantagrane. Domandò che cosa significasse e la risposta fu: «si siede nell'ultima fila e sorride».

La situazione a scuola ebbe fine nel 1894, quando l'impresa di famiglia fallì. La ditta era andata ragionevolmente bene negli anni ottanta, sfruttando come molte altre piccole attività la domanda crescente di apparecchiature elettriche – dinamo, sistemi di illuminazione e telefoni –, ma ormai, come avviene di solito nella fase di progresso che segue l'invenzione di una nuova tecnologia, le piccole ditte venivano assorbite da grandi aziende, oppure fallivano a causa della concorrenza di giganti come la Siemens e la AEG. Fu soprattutto per mancanza di capitali che gli Einstein uscirono sconfitti in questa competizione. Prima che la situazione precipitasse, tuttavia, si erano fatti un nome nella Germania meridionale e nell'Italia settentrionale. In Italia non si era ancora creata una situazione di dominio dell'industria elettrica da parte di una o due aziende e, con l'incoraggiamento di un collega italiano, Hermann, Jakob e le loro mogli decisero di trasferirsi in Italia per ricominciare da capo. Il problema era che ad Albert, all'epoca quindicenne, mancavano ancora tre anni per completare il ginnasio, il che gli avrebbe garantito l'ammissione in una buona università. La famiglia decise che sarebbe rimasto a Monaco, alloggiando in una pensione privata, e che un lontano parente l'avrebbe tenuto d'occhio.

I genitori di Albert avrebbero dovuto prevedere il risultato. Il ragazzo era solo e infelice a Monaco e senza la vita in famiglia il ritorno a scuola sembrava insopportabile. C'era un altro motivo di preoccupazione. Albert aveva sempre detestato l'aspetto militaristico della società tedesca dell'epoca e una volta anni prima, spaventato alla vista e al rumore delle truppe in marcia, aveva supplicato i genitori di promettergli che non avrebbe mai dovuto fare il soldato. La legge tedesca, però, imponeva un periodo di servizio militare a tutti i maschi. L'unica via di scampo era lasciare il Paese e rinunciare alla cittadinanza tedesca prima di compiere i diciassette anni; se se ne fosse andato dopo quella data, sarebbe stato considerato un disertore.

La liberazione

Come Einstein progettò la sua fuga da Monaco non è del tutto chiaro, ma probabilmente gli eventi andarono nel modo che segue. Il ragazzo era senza dubbio depresso e riuscì a persuadere il suo medico a dichiarare per iscritto che si sarebbe dovuto ricongiungere alla famiglia per motivi di salute. Convinse anche il suo insegnante di matematica a scrivere una lettera in cui affermava che Einstein conosceva già a fondo tutto il programma e che non avrebbe più potuto insegnargli nulla. Armato di questi documenti, Einstein andò dal preside della scuola e gli disse che era in procinto di partire; la risposta del preside, a quanto pare, fu che in ogni caso Albert sarebbe stato espulso, essendo un elemento di disturbo. Probabilmente Einstein aveva coltivato con cura il suo ruolo di elemento di disturbo per garantirsi che non gli avrebbero chiesto – né tanto meno ordinato – di restare. Forse fu spinto a farlo o forse no, ma è indubbio che nella primavera del 1895, appena sei mesi dopo essere stato lasciato a Monaco per completare la sua istruzione, Einstein si presentò alla porta della nuova casa dei suoi genitori, a Milano.[4] Rinunciò debitamente alla cittadinanza tedesca e giurò che non sarebbe mai tornato in Germania. La dichiarazione divenne effettiva nel gennaio 1896 e Einstein, che a quel punto viveva in Svizzera, avviò il lento processo per ottenere la cittadinanza svizzera; l'Europa viveva anni relativamente liberi e facili e la mancanza di un passaporto non gli impedì di viaggiare a suo piacimento, in particolare tra la Svizzera e l'Italia. Sui documenti ufficiali, alla voce «nazionalità» si descriveva semplicemente come «figlio di genitori tedeschi».

Nell'estate del 1895 Einstein aveva sedici anni, era in Italia e non aveva responsabilità (né prospettive). Diede qualche contributo all'attività familiare e accarezzò la vaga idea di diventare insegnante di filosofia, ma per diversi mesi badò più che altro a divertirsi, girando per le città d'arte italiane, visitando le Alpi e innamorandosi della cultura italiana. Quando il padre gli impose di fermarsi e di riflettere un po' sul proprio futuro, Albert lo assicurò che in autunno avrebbe sostenuto l'esame di ammissione al Politecnico federale di Zurigo (che spesso viene indicato con l'acronimo del nome tedesco, ETH: Eidgenössische Technische Hochschule). L'ETH non era una grande università come quelle di Heidelberg e Berlino, ma un nuovo tipo di istituzione preposta soprattutto alla formazione di aspiranti insegnanti e ingegneri. Il presuntuoso Albert era certo di riuscire a entrare senza difficoltà in un istituto di livello accademico relativamente modesto e la bocciatura fu un duro colpo per lui. (La sua versione successiva – si sarebbe fatto bocciare di proposito, per evitare di intraprendere una professione scelta dal padre – andrebbe presa *cum grano salis*; se fosse stata vera, perché sarebbe tornato sui suoi passi iniziando quello stesso corso di studi l'anno seguente?)

In realtà, fu fortunato a poter dare l'esame. Di norma, i candidati dovevano avere diciotto anni e un diploma di scuola superiore; Einstein aveva soltanto sedici anni e mezzo e il suo abbandono della scuola non era stato senza macchia. Ciononostante, il direttore dell'ETH, Albin Herzog, riconobbe il potenziale di Einstein e gli offrì un'ancora di salvezza, suggerendogli di iscriversi a una

[4] Poco dopo l'arrivo di Albert, la famiglia si trasferì a Pavia.

scuola superiore svizzera nella cittadina di Aarau, nei pressi di Zurigo, per rimettersi in pari prima di ritentare l'esame nel 1896. Ad Aarau avrebbe potuto alloggiare nella casa di Jost Winteler, un insegnante della scuola, e vivere come uno di famiglia.

Era una sistemazione perfetta per Einstein. Winteler era professore di latino e greco e quindi non era uno dei suoi insegnanti, perciò la scuola non si intrometteva troppo nella vita quotidiana. Uno dei cugini di Einstein, Robert Koch, studiava nella stessa scuola e abitava di fianco ai Winteler. La vita familiare era molto ricca – a casa Winteler vivevano le tre figlie, i quattro figli e un paio di altri ospiti paganti – e ben presto Einstein entrò a far parte della famiglia. Un compagno di classe di quell'anno scolastico 1895-96 ad Aarau in seguito descrisse Albert, al suo biografo Carl Seelig, come un ragazzo «sicuro di sé, con il cappello di feltro tirato indietro sui folti capelli neri, che cammina a passi rapidi ... libero dalle convenzioni, con un atteggiamento da filosofo allegro nei confronti del mondo, e la cui ironia arguta fustiga senza pietà qualsiasi presunzione o affettazione».[5]

Più maturo rispetto ai suoi compagni, Einstein fece chiaramente un grande effetto su di loro, soprattutto su Marie Winteler, la figlia diciottenne di Jost, che aveva appena terminato il corso di studi per l'insegnamento e viveva con i genitori mentre aspettava di iniziare il suo primo lavoro. Nonostante la differenza di età, un abisso per la maggior parte degli adolescenti, i due si innamorarono. Entrambe le famiglie sembrarono contente della relazione, che diventò una sorta di fidanzamento non ufficiale e proseguì anche dopo il ritorno di Albert a Pavia e il successivo trasferimento a Zurigo. Nella primavera del 1897, però, quando i suoi orizzonti si allargarono e si fece nuovi amici in città, Albert pose fine alla relazione. Passò un po' di tempo prima che Marie si convincesse che faceva sul serio, ma alla fine tutto si risolse in maniera amichevole e gli Einstein e i Winteler restarono buoni amici – tanto che Maja, la sorella di Einstein, in seguito sposò il fratello di Marie, Paul. Anna, un'altra sorella di Marie, sposò Michele Besso, il miglior amico di Einstein a Zurigo e ancora per molto tempo

[5] Seelig 1956.

dopo la fine degli studi. In una lettera di condoglianze inviata alla moglie e al figlio di Besso subito dopo la sua morte, avvenuta nel 1955, Einstein scrisse: «Ciò che più ammiravo di Michele è che fosse riuscito a vivere molti anni non solo in pace, ma anche in costante armonia con una donna, un'impresa nella quale io per due volte ho miseramente fallito».[6]

Oltre a dedicarsi alla felice relazione con la famiglia Winteler, a una vita sociale attiva, alla musica e alla prima esperienza sentimentale, a scuola (dove gli era stato concesso di entrare nel gruppo dell'ultimo anno, con compagni di un anno più vecchi) Einstein studiò tanto da ottenere voti alti in tutte le materie tranne francese, in cui ebbe sempre difficoltà. Nel sistema svizzero, i voti delle prove scritte agli esami andavano da 1 a 6 e 6 era il voto massimo. La media del 5,5 ottenuta da Einstein, che era lo studente più giovane della sua classe, fu la migliore del suo corso. Anche se la media fu abbassata proprio dal voto di francese, che fu un generoso dal 3 al 4, il tema che scrisse (in francese) è la più interessante delle prove scritte (ora nei *Collected Papers*), poiché l'argomento del tema era *Mes projets d'avenir* [I miei progetti per il futuro]. Non tenendo conto del francese orribile, il tema ci dà un'idea delle ambizioni personali di Einstein in quel momento, che sembrano notevolmente limitate alla luce dei suoi risultati futuri:

> Se avessi la fortuna di superare gli esami, andrei al Politecnico di Zurigo a studiarvi, per quattro anni, matematica e fisica. La mia idea è diventare un insegnante di questi settori delle scienze naturali e la mia scelta si rivolgerà agli aspetti teorici di queste scienze.

Einstein poi spiega che il progetto è motivato in parte dalla sua mancanza di «senso pratico», ma anche dal fatto che «nella professione scientifica vi è una certa indipendenza» che trova «molto attraente». Queste dichiarazioni erano senz'altro in accordo con gli sviluppi futuri della sua vita, ma in alcune delle idee che Einstein non mise per iscritto nel 1896 c'era già un vero e proprio accenno al futuro. Molti anni dopo ricordò che quando ancora studiava ad Aarau si scervellava sull'idea che, potendo correre alla velocità della luce, avrebbe visto un'onda di luce ferma immobile

[6] Cit. in Overbye 2000.

al suo fianco, temporalmente fissa, per così dire; secondo le leggi della fisica, però, un simile «campo ondulatorio indipendente dal tempo» non poteva esistere.[7] Gli ci vollero nove anni per trovare la soluzione di questo enigma.

Einstein e il Poli

Dopo aver superato l'esame di ammissione all'ETH all'inizio dell'estate 1896, Einstein trascorse un po' di tempo con i suoi in Italia, dove la ditta di famiglia era di nuovo in crisi. Jakob andò a lavorare per un'altra azienda e finì per vivere agiatamente a Vienna come dirigente di una società di costruttori di strumenti. Hermann cercò di ricominciare un'altra volta a Milano. Albert, preoccupato per le prospettive di questa nuova avventura, cercò invano di dissuadere i suoi parenti dall'investire altro denaro nel progetto, ma in ottobre dovette lasciarsi alle spalle le difficoltà di famiglia e tornare a Zurigo per iniziare gli studi.

Nonostante l'anno trascorso ad Aarau, Einstein aveva comunque sei mesi di meno dell'età ufficialmente richiesta per essere ammessi, diciotto anni, e fu uno degli studenti più giovani mai ammessi all'ETH. Anche il Poli – così veniva chiamato nella zona – era piuttosto giovane, essendo stato fondato nel 1855 come prima istituzione accademica svizzera di livello universitario (la Confederazione svizzera era nata soltanto nel 1848). Da allora, in Svizzera erano state fondate tre università – a Basilea, a Zurigo e a Ginevra. A differenza del Poli, che era un'istituzione federale, le università erano gestite dai rispettivi cantoni. A differenza delle università, all'inizio il Poli non poteva conferire il dottorato, ma nel 1911 gli venne riconosciuto lo status universitario, che contemplava quel diritto – ciononostante, ha continuato a essere conosciuto come il Poli fino ai giorni nostri.

Alla fine dell'Ottocento, l'ETH aveva soltanto poco meno di mille di studenti, tuttavia, come denuncia il suo nome, era dedicato soprattutto alla formazione di ingegneri, non di fisici teorici, e

[7] Seelig 1956.

quell'anno gli studenti che si iscrissero al corso di Scienze furono appena cinque, compreso Einstein. Un altro fu Marcel Grossmann, uno studente modello che seguiva tutte le lezioni e prendeva appunti dettagliati che conservava con cura. Grossmann divenne grande amico di Einstein e quei meravigliosi appunti finirono per dimostrarsi ancora più importanti per lui che per Grossmann. Il gruppo comprendeva anche una ragazza serba, Mileva Marič, proveniente da un territorio che all'epoca faceva parte dell'Impero austro-ungarico. Mileva aveva dovuto combattere contro l'incomprensione dei familiari e la mancanza di sostegno da parte del sistema scolastico serbo per riuscire a iscriversi all'università in Svizzera, all'epoca l'unico Paese di lingua tedesca in cui le donne potessero frequentare l'università. Mileva fu la quinta ragazza ammessa a studiare fisica all'ETH. Gli altri due membri del gruppo erano Jakob Ehrat, uno studente che lavorava sodo, ma era piuttosto ordinario, e Louis Kollros; entrambi, come Grossmann, erano svizzeri.

Come molti studenti, Einstein si godeva fino in fondo la libertà della vita universitaria e non si preoccupava troppo del lato accademico fino a quando non incombevano gli esami. Riteneva di non poter imparare la matematica da nessuno meglio di come potesse fare da solo con l'aiuto dei libri, e così seguiva di rado le lezioni, tanto che in seguito, com'è noto, uno dei suoi professori, Hermann Minkowski, descrisse lo studente Einstein come un «fannullone», che «non si preoccupava minimamente della matematica». In realtà, Minkowski era uno dei pochi professori dell'ETH che Einstein rispettasse, e quando ne seguì una lezione durante l'ultimo semestre all'ETH fece osservare a Louis Kollros che era la prima lezione di fisica matematica a cui avessero mai partecipato al Poli.[8]

Saltando le lezioni, Einstein aveva molto tempo da dedicare alle sue passioni: le conversazioni con gli amici al bar su come cambiare il mondo (comprese le discussioni scientifiche sulle idee più recenti della fisica), la compagnia femminile (andava sempre d'accordo con le donne, che erano incantate dai suoi modi, dalla sua musica e dalla sua bellezza virile), le gite in barca sul lago (si portava sempre un taccuino, così se non c'era vento poteva buttar giù le sue idee

[8] Cfr. Overbye 2000.

sulla fisica) e la musica (combinandola con il suo interesse per la compagnia femminile, Einstein suonava spesso il violino in casa delle sue conoscenti). In quegli anni visse in varie pensioni di Zurigo, potendo contare su 100 franchi svizzeri al mese, generosamente forniti da una zia materna, più ciò che guadagnava dando qualche lezione privata. Di queste entrate metteva da parte 20 franchi per le spese da affrontare una volta ottenuta la cittadinanza svizzera. La domenica pranzava con la famiglia di Michael Fleischmann, un uomo d'affari di Zurigo che si occupava di lui così come avevano fatto gli Einstein con Max Talmey a Monaco.

Fu la musica a far incontrare Einstein e Michele Besso, poi suo amico per tutta la vita. Besso aveva sei anni più di Einstein e lavorava già come ingegnere meccanico. Si incontrarono una sera in cui Einstein suonava insieme ad altri musicisti in un'abitazione privata per intrattenere un gruppo di studenti e altre persone, un'attività sociale importante, seppur informale, ai tempi in cui non esistevano né la radio né la televisione né la musica registrata. Besso fece conoscere a Einstein il lavoro di Ernst Mach, un filosofo e fisico austriaco che aveva offerto un contributo significativo al dibattito scientifico di fine Ottocento sulla realtà degli atomi.

Dalla nostra prospettiva moderna, è difficile credere che poco più di cent'anni fa la realtà degli atomi fosse ancora in discussione. Questo però fu un dibattito davvero importante, che influenzò gran parte dei primi lavori scientifici di Einstein e diventò una caratteristica significativa del suo *annus mirabilis*.

Nei testi divulgativi di storia della scienza si legge spesso che l'idea degli atomi risale all'antica Grecia, ma ciò è vero solo fino a un certo punto. In verità il filosofo greco Democrito, vissuto nel v secolo a. C., discusse l'idea che ogni cosa è composta da minuscole particelle indistruttibili in movimento nel vuoto e interagenti tra loro. Tuttavia all'epoca pochi aderivano a questa concezione, che la maggior parte dei pensatori greci rifiutò non potendo accettare l'idea del vuoto, il vero e proprio nulla tra gli atomi. L'idea fu ripresa di tanto in tanto, in particolare dal francese Pierre Gassendi nel Seicento, ma venne sempre respinta per lo stesso motivo. Fu soltanto nell'Ottocento che un ampio gruppo di scienziati iniziò a prendere davvero sul serio l'idea degli atomi, e anche allora ci fu chi la contestò.

Gli scienziati che presero sul serio l'idea degli atomi trovarono prove a sostegno sia nella chimica sia nella fisica. Agli inizi dell'Ottocento, John Dalton, in Inghilterra, sviluppò l'idea che ciascun elemento (come l'idrogeno o l'ossigeno) sia costituito da un tipo diverso di atomo (ma con tutti gli atomi di un particolare elemento identici l'uno all'altro) e che le sostanze composte (come l'acqua) siano fatte di molecole in cui si uniscono tipi diversi di atomi (in questo caso, H_2O). Già nel 1811, sulla base di queste scoperte chimiche, Amedeo Avogadro annunciò la famosa ipotesi che volumi uguali di gas diversi, alla stessa temperatura e pressione, contengano lo stesso numero di particelle (atomi o molecole), con la chiara implicazione che nello spazio tra queste particelle non vi è nulla. L'ipotesi però fu ignorata per decenni e si ebbe una chiara idea della differenza tra atomi e molecole soltanto con il lavoro di un compatriota di Avogadro, Stanislao Cannizzaro, negli anni cinquanta dell'Ottocento.

All'epoca a fornire dati a sostegno dell'idea delle molecole erano i fisici. Una delle più importanti applicazioni pratiche della scienza dell'Ottocento fu lo studio del calore e del movimento, la termodinamica, che riguardò direttamente l'applicazione della forza a vapore durante la rivoluzione industriale. Studiando come si può generare vapore e come questo si trasferisce da un oggetto a un altro, gli scienziati formularono le leggi della termodinamica per descrivere la relazione tra lavoro ed energia alla scala del tipo di macchine che alimentarono la rivoluzione industriale – chiamata a volte «scala macroscopica». In seguito fisici come lo scozzese James Clerk Maxwell, il tedesco Hermann von Helmholtz e l'austriaco Ludwig Boltzmann svilupparono alcuni modelli che descrivono questi fenomeni macroscopici nei termini dell'effetto cumulativo di numeri enormi di atomi e molecole che rimbalzano e interagiscono come minuscole sfere rigide, obbedendo alle leggi fondamentali della meccanica scoperte da Isaac Newton duecento anni prima. Il comportamento di atomi e molecole a un livello inferiore è detto spesso «microscopico», ma in realtà gli atomi sono troppo piccoli per essere visibili con i microscopi di cui si disponeva nell'Ottocento.

Il modo in cui il comportamento cumulativo di un gran numero di atomi e molecole che interagiscono alla scala microscopica produce effetti misurabili alla scala macroscopica è studiato dalla meccanica statistica. Per il caso particolare di un gas racchiuso in un contenitore, questo approccio si dimostrò eccellente per spiegare come cambiano la pressione e la temperatura del gas se il contenitore diventa più grande o più piccolo e la velocità delle molecole e degli atomi cambia; questa è nota come «teoria cinetica dei gas».

Negli anni novanta dell'Ottocento tutte queste idee erano nell'aria e furono oggetto di molte conversazioni tra Einstein, Grossmann, Besso e i loro amici, mentre sorseggiavano caffè avvolti dal fumo di tabacco in un bar di Zurigo, o facevano lunghe passeggiate in campagna. Benché la meccanica statistica e la teoria cinetica a livello pratico riuscissero a fornire una descrizione matematica di ciò che accade, il problema era che gli atomi non li aveva visti nessuno; per essere più precisi, data la tecnologia dell'epoca vedere gli atomi era fisicamente impossibile. Ciò consentiva a filosofi come Mach di sostenere che l'ipotesi atomica fosse appunto soltanto un'ipotesi, un cosiddetto «espediente euristico»: il fatto che nel mondo macroscopico gli oggetti si comportano come se fossero fatti di atomi di per sé non dimostra che lo siano davvero. Per Mach gli atomi erano soltanto un'utile finzione, che forniva ai fisici una base per i calcoli; qualunque cosa che non sia percepibile attraverso i sensi, sosteneva, non è un argomento di dibattito scientifico.

Einstein non era d'accordo e difese l'ipotesi atomica con gli amici. Sviluppò un'ossessione per l'idea e decise che, se nessun altro fosse riuscito a dimostrare la realtà degli atomi, l'avrebbe fatto lui stesso. Come scrisse molti anni più tardi nell'*Autobiografia scientifica*, stabilì che appena si fosse laureato all'ETH avrebbe cercato di trovare dati «che comprovassero quanto più possibile l'esistenza di atomi di dimensioni definite». Li trovò, come vedremo nel capitolo seguente. Nonostante l'importanza di quel risultato, altrettanto importante è il fatto che all'inizio del Novecento Einstein, generalmente considerato il massimo genio del secolo, ritenesse che il problema più urgente per la scienza fosse dimostrare la realtà degli atomi. È sufficiente a dimostrare quanta strada abbiamo fatto negli ultimi cento anni.

Agli inizi, Einstein se la cavò bene all'ETH, dove la sua vivacità intellettuale gli permise di brillare agli esami di metà semestre pur non avendo seguito diligentemente le lezioni come il suo amico Grossmann. Insieme allo studio e alle discussioni sui più recenti argomenti di punta della scienza, Einstein sviluppò anche un'altra passione, che pur essendo compatibile con il suo interesse per la fisica finì per distrarlo dal lavoro scientifico. Non è chiaro come e quando esattamente Albert e Mileva Marič diventarono più che amici, ma a quanto pare all'inizio dell'estate 1897 dalle loro discussioni sulla fisica era nata una relazione sentimentale. Potrebbe non essere una coincidenza il fatto che Albert ruppe con Marie Winteler nella primavera di quell'anno, però sembra che fosse Mileva la prima a provare un interesse profondo per la nuova relazione.

Alcune prove indirette suggeriscono che più o meno in quel periodo Mileva iniziò a innamorarsi di Albert e a dubitare delle proprie prospettive future. Aveva fatto un'enorme fatica, in quanto donna, a entrare all'ETH – un primo passo per una carriera professionale nella scienza – e a quanto pare iniziò a preoccuparsi della possibilità che tutto andasse sprecato se si fosse sposata e (com'era quasi inevitabile all'epoca) avesse avuto figli. Nel giugno 1897 tornò a casa dei suoi come al solito e rimase in contatto epistolare con Einstein, ma alla fine dell'estate invece di tornare a Zurigo andò, senza fornire spiegazioni a nessuno, a Heidelberg. Pur essendo la sede di una delle grandi università tedesche, non andava molto bene per le donne, a cui si concedeva di assistere alle lezioni previa autorizzazione speciale dei singoli professori, ma non di laurearsi. Quali che fossero i motivi di questo *détour*, nell'aprile 1898 Mileva era di nuovo a Zurigo, dove Einstein le promise di aiutarla a rimettersi in pari con il programma del corso (usando gli appunti di Grossmann); tuttavia, come vedremo, dal punto di vista accademico la ragazza non riuscì mai a riguadagnare il tempo perduto.

Dal canto suo, Einstein superò senza difficoltà l'«esame intermedio», che si tenne nell'ottobre 1898, ottenendo il miglior risultato del suo piccolo gruppo, la media del 5,7; al secondo posto si piazzò Grossmann, con la media del 5,6; Mileva dovette rimandare l'esame a causa del periodo trascorso a Heidelberg. L'aiuto che le aveva promesso Einstein finì per essere d'intralcio più che di sostegno, e in più di un modo.

Nel suo terzo anno all'ETH, Einstein iniziò a interessarsi all'elettromagnetismo, in particolare al comportamento della luce. Mileva veniva coinvolta e usata come banco di prova delle sue idee – molto più eccitanti del programma d'esame –, mentre si sarebbe dovuta concentrare sullo studio. Maxwell (che morì proprio l'anno in cui nacque Einstein, il 1879) aveva scoperto un insieme di equazioni che descrivono, tra le altre cose, come si muovono le onde elettromagnetiche. Le equazioni prevedono per queste onde una velocità di 300 000 chilometri al secondo.[9] Poiché la velocità della luce fu misurata con precisione all'incirca quando Maxwell produsse questo risultato (negli anni sessanta dell'Ottocento) e il valore misurato corrispondeva esattamente alla velocità prevista delle onde elettromagnetiche, fu considerata una dimostrazione del fatto che la luce è una forma di vibrazione elettromagnetica.

Ma che cos'era a vibrare? Per analogia con il modo in cui si propagano le onde sonore, come vibrazioni nell'aria, o in altre sostanze, i fisici dell'Ottocento pensavano che la luce (e altre forme di onde elettromagnetiche) si dovessero propagare sotto forma di vibrazioni in un mezzo rarefatto che chiamarono «etere». Si presumeva che l'etere riempisse tutto lo spazio e in qualche modo anche l'atmosfera della Terra, mescolandosi con l'aria, per permettere alla luce di propagarsi. Avrebbe però dovuto essere qualcosa di molto rarefatto poiché i pianeti, e persino le persone, sembravano capaci di attraversarlo come se non esistesse. D'altro canto, poiché la velocità a cui viaggiano le onde dipende dalla densità della sostanza in cui si propagano (cosicché il suono viaggia più velocemente nell'acciaio che nell'aria), avrebbe dovuto essere incredibilmente denso, molto più dell'acciaio.

Alla fine dell'Ottocento si cercò invano di misurare la velocità della Terra attraverso l'etere, misurando la velocità della luce nella direzione del movimento della Terra nello spazio e perpendicolarmente al suo movimento, ma la velocità della luce sembrava essere

[9] Più precisamente, 299 792,458 chilometri al secondo.

sempre identica, in qualunque direzione puntassero le apparecchiature sperimentali. A quanto pare Einstein non era a conoscenza di questi esperimenti, o comunque non ne era stato colpito, però era affascinato dalle equazioni di Maxwell e dalla previsione di uno specifico valore della velocità della luce che ne discendeva. Ora aveva ideato un altro esperimento mentale per illuminare la misteriosa natura di queste onde: se qualcuno fosse riuscito a correre alla velocità della luce tenendo uno specchio davanti al viso, sarebbe riuscito a vedervi il proprio riflesso? Presumibilmente no, poiché la luce emanata dal suo viso non sarebbe riuscita a raggiungere lo specchio per rimbalzarvi e colpire i suoi occhi come riflesso!

Questo però non era l'unico aspetto del risultato di Maxwell che lo affascinava. Maxwell aveva elaborato le sue idee solo sulla base di considerazioni teoriche. Aveva prodotto le sue equazioni e previsto la velocità della luce senza condurre un solo esperimento. Aveva anche previsto l'esistenza di altre forme di onde elettromagnetiche, quelle che oggi chiamiamo «onde radio», e queste erano state debitamente scoperte da Heinrich Rudolf Hertz nel 1888. Hertz, per meglio dire, non aveva scoperto le onde radio, aveva semplicemente rilevato ciò che Maxwell, il teorico, aveva «scoperto». Non erano stati gli sperimentatori a realizzare osservazioni che poi i teorici avevano cercato di spiegare, il teorico aveva capito tutto da solo. Era questo ad affascinare Einstein: l'idea che il potere della mente umana e della matematica fosse di per sé sufficiente a immaginare verità profonde del mondo, così come i greci avevano immaginato la verità della geometria.

Nell'estate del 1899, Einstein scrisse a Mileva:

> Sono sempre più convinto che l'elettrodinamica dei corpi in movimento, come viene presentata oggi, non corrisponda alla realtà e che sia possibile presentarla in un modo più semplice.[10]

Nella stessa lettera, Einstein affermò che non era possibile «attribuire un significato fisico» al concetto di etere. Sembra tuttavia che all'epoca non riuscisse a sviluppare ulteriormente le sue idee, e nel quarto e ultimo anno all'ETH non discusse più dell'elettrodinamica. Facendo un piccolo passo in avanti nel nostro racconto, ve-

[10] Einstein e Marič 1992.

diamo che in realtà l'idea dell'etere di lì a poco divenne ridondante: oggi i fisici concepiscono la luce e altre forme di radiazione in termini di «campi», simili alle configurazioni di linee di forza che si osservano quando si piazza una barretta magnetica sotto un foglio di carta e lo si cosparge con delicatezza di limatura di ferro – se si scuote leggermente il foglio, si osservano onde che si propagano attraverso questi campi fino a quando interagiscono con qualcos'altro.

È chiaro che la relazione di Einstein con Mileva si intensificò durante il loro quarto anno all'ETH e probabilmente fu in quel periodo che decisero di sposarsi. Avevano trascorso l'estate del 1899 separati, Albert in vacanza con la mamma e la sorella e Mileva a casa, a prepararsi per l'esame intermedio che aveva dovuto rimandare. Al ritorno a Zurigo, anche se vivevano ancora in pensioni diverse, sembra che Einstein per metà del tempo fosse da lei e in una lettera scritta nell'ottobre 1899 cita la sua «famiglia» con Mileva.[11] Di lì a poco, lui la chiamava *Doxerl* (bambolina) e lei lo chiamava *Johonzel* (Giovannino). Malgrado l'approfondimento della loro relazione e nonostante continuasse a trascurare le lezioni formali, sgobbando sugli appunti di Grossmann Einstein riuscì a superare gli esami finali. Non in maniera brillante. Ottenne la media del 4,9, classificandosi al quarto posto tra i cinque studenti che avevano sostenuto gli esami. Invece Mileva, che non aveva altrettanta genialità, non riuscì a riguadagnare il tempo perduto, ottenne una media del 4,0 e fu bocciata. In particolare, andò clamorosamente male in matematica, guadagnandosi un misero 2,5 (su 6).

Ormai, ovviamente, i genitori di Einstein sapevano tutto (o forse non proprio tutto) della sua relazione con Mileva. Nonostante l'indole ribelle che non si piegava all'autorità, il loro Albert era riuscito ad affrontare il sistema educativo e si era guadagnato una laurea che gli garantiva un lavoro rispettabile. Quando però disse loro, nell'estate del 1900, che intendeva sposare la sua «bambolina», restarono sbigottiti. Secondo loro Albert era troppo giovane (aveva appena ventun anni), la ragazza non li convinceva (e in ogni caso aveva quattro anni più di lui) e credevano che prima di raggiungere

[11] Einstein 1987-2006.

la sicurezza economica un uomo non dovesse neanche prendere in considerazione il matrimonio. A quanto pare, anche gli amici di Zurigo furono sorpresi che un uomo che aveva un tale successo con le donne scegliesse proprio quella ragazza come compagna per la vita. Va considerato, però, che una parte dell'attrattiva derivava per lui dal pensiero di condividere l'esistenza con qualcuno con cui avrebbe potuto condividere tutto, compresa la scienza. Nelle lettere a Mileva, Albert fantasticava della possibilità di conseguire entrambi il dottorato e scrivere insieme articoli scientifici che avrebbero avuto un successo travolgente in tutto il mondo. Prima, però, lei doveva ridare gli esami all'ETH e lui doveva trovare un lavoro a Zurigo, al Poli o all'Università, in modo che potessero stare insieme.

Il rifiuto

Fu a quel punto che la realtà iniziò a interferire con il sogno. La laurea conseguita all'ETH lo abilitava a lavorare come insegnante di matematica e scienze nelle scuole secondarie, ma ciò che Einstein desiderava era ottenere un incarico di assistente di un professore e lavorare per il dottorato. Anche se all'epoca l'ETH non conferiva dottorati, in base a un accordo tra le due istituzioni un laureato dell'ETH poteva presentare una dissertazione all'Università di Zurigo ed essere preso in considerazione per il conferimento del dottorato; non si trattava quindi di un sogno impossibile, quanto meno per gli studenti migliori. Einstein però, almeno sulla carta, non era uno degli studenti migliori. Nonostante avesse ottenuto una delle votazioni peggiori del suo corso e continuasse a godere fama di essere un piantagrane saccente e arrogante, a quanto pare era convinto che le sue innate capacità (di cui per lo meno lui non dubitava) sarebbero state riconosciute e gli sarebbero bastate per ottenere l'incarico che desiderava. Il sistema, tuttavia, non funzionava in questo modo. Com'era prevedibile, i tre laureati che avevano ottenuto votazioni migliori della sua ebbero la precedenza nell'assegnazione dei pochi posti disponibili, e in ogni caso le autorità dell'ETH furono felici di liberarsi di Einstein, che non era stato certamente uno studente modello. Forse, inoltre, erano a conoscenza della sua relazione con Mileva, che superava i limiti di ciò che a quel tempo e in quel luogo veniva considerato «decoroso».

Albert e Mileva trascorsero di nuovo l'estate lontani, ognuno con la propria famiglia, e di fronte all'opposizione dei genitori non parlarono più di matrimonio. Mileva studiò per ritentare l'esame, mentre Einstein fece invano domanda per diventare assistente, si prese una breve vacanza e cercò di dimenticare i suoi guai studiando il lavoro di Boltzmann sulla termodinamica. In autunno entrambi tornarono a Zurigo dove, anche se Einstein non aveva nessun incarico all'ETH, entrambi pagarono le tasse regolamentari e si iscrissero per lavorare nel laboratorio a problemi relativi al calore e all'elettricità (l'elettrone era stato scoperto solo nel 1897, dopo che Einstein aveva iniziato a studiare all'ETH), allo scopo di riuscire a ottenere entrambi il dottorato. Einstein non riceveva più l'assegno mensile della zia da quando si era laureato e per far quadrare i conti doveva dare lezioni private; Mileva poteva ancora contare su un piccolo sussidio da parte del padre. In queste circostanze tutt'altro che promettenti, Einstein completò il suo primo articolo scientifico, sull'azione capillare, che fu debitamente pubblicato dai prestigiosi «Annalen der Physik». L'argomento dell'articolo era la natura delle forze tra molecole e questo portò Einstein in una direzione che finì per fargli ottenere un dottorato; a poco a poco, invece, le speranze di Mileva di raggiungere quell'obiettivo svanirono.

A parte il primo articolo scientifico di Einstein, l'altro evento saliente di quei mesi a Zurigo, che possiamo immaginare tutt'altro che felici, arrivò nel febbraio 1901, quando Einstein finalmente diventò cittadino svizzero. Con una certa ironia del destino, considerando quali furono le sue ragioni per rinunciare alla cittadinanza tedesca, dovette sottoporsi a una visita medica prima di un breve periodo di servizio militare obbligatorio, ma fu scartato per i piedi piatti e le vene varicose. Probabilmente, quindi, anche se fosse rimasto a Monaco non sarebbe stato obbligato a prestare servizio nell'esercito tedesco.

Appena un mese prima di diventare cittadino svizzero, tuttavia, Einstein dovette ammettere il fallimento dei suoi tentativi di trovare un impiego idoneo a Zurigo. Ricevendo continue pressioni da parte dei suoi genitori affinché trovasse un lavoro vero (qualsiasi lavoro!), abbandonò la prospettiva sempre più incerta di una dissertazione sulla termoelettricità e tornò in Italia, lasciando Mileva a studiare per il suo secondo tentativo di superare gli esami finali (mentre cercava anche di proseguire lo studio della conduzione del calore) e ad affrontare un futuro incerto.

A Milano, Albert almeno aveva con chi parlare di fisica: Michele Besso, che ora viveva lì con la moglie e la figlioletta. In quel periodo si imbatté nel lavoro di Max Planck, il fisico tedesco che aveva appena scoperto che alcune delle proprietà della luce e di altre forme di radiazione si possono spiegare nel modo migliore se la radiazione viene emessa o assorbita solo sotto forma di pacchetti discreti di energia, a cui venne dato il nome di «quanti». L'articolo fondamentale di Planck, che gettava le basi della futura fisica quantistica, era stato pubblicato soltanto nel 1900, ma come al solito Einstein si teneva al corrente sui settori d'avanguardia della ricerca fisica.

Einstein era sempre aggiornato anche sugli argomenti che lo interessavano da più tempo, come la luce e il movimento. Le sue lettere a Mileva sono piene delle parole affettuose che sono soliti scambiarsi gli innamorati lontani, ma contengono anche riferimenti al suo lavoro scientifico e uno di questi in particolare ha indotto alcuni a giudicare l'influenza scientifica esercitata su di lui da Mileva più importante di quanto fosse in realtà. In una lettera dell'aprile 1901, Einstein scrive: «Come sarò felice e fiero quando saremo insieme e potremo riuscire a portare a termine il nostro lavoro sul moto relativo».[12] Ignorando il contesto, si potrebbe vedere in queste parole la prova che Mileva diede un contributo significativo alla teoria della relatività, ma il contesto era che Mileva era stata bocciata agli esami (non da ultimo perché passava troppo tempo a discutere strane idee con Einstein invece di concentrarsi sul programma di studio) e tra tutti gli studenti del suo corso era di gran lunga la più debole in matematica. Era da sola a Zurigo, impegnandosi (alla fine, invano) per prepararsi agli esami, e Einstein cercava di tirarla su di morale dimostrandole quanto fosse importante per lui. Nella stessa lettera, scrive: «Tu sei e sarai sempre per

[12] Einstein e Marič 1992.

me un sacro tempio a cui nessuno ha accesso; so anche che di tutte le persone tu mi ami e mi capisci di più». Era chiaramente infatuato di Mileva e per lui il lavoro su ciò che sarebbe diventata la teoria della relatività era «nostro» nello stesso senso in cui si dice «ciò che è mio è tuo». Non esiste però la minima prova del fatto che Mileva abbia contribuito alla costruzione della grande teoria di Einstein con qualcosa di più del suo ruolo di ascoltatrice scientificamente preparata, di banco di prova delle sue idee.

Poco dopo aver scritto quella lettera, la sua situazione iniziò a migliorare. La prima buona notizia gli giunse con la lettera di un vecchio amico, Marcel Grossmann, che della sua ricerca sempre più disperata di un lavoro aveva parlato al padre. Un amico di questi, Friedrich Haller, era il direttore dell'Ufficio brevetti svizzero e gli aveva fatto sapere che di lì a poco ci sarebbe stato un posto vacante a Berna e che Einstein avrebbe senza dubbio dovuto fare domanda quando la disponibilità del posto fosse stata annunciata ufficialmente. La data prevista dell'annuncio non era chiara, ma il giorno dopo Einstein ricevette un'altra lettera con l'offerta di un lavoro temporaneo. Jakob Rebstein, che in passato era stato assistente all'ETH e conosceva Einstein e Mileva, all'epoca era un insegnante di matematica a Winterthur, vicino a Zurigo, ma di lì a poco si sarebbe assentato per un paio di mesi per il servizio militare obbligatorio. Einstein era disposto a fargli da supplente?

La supplenza non solo avrebbe contribuito a riempire il vuoto mentre era in attesa dell'annuncio del posto all'Ufficio brevetti, ma gli avrebbe anche consentito di stare vicino a Mileva. Per festeggiare la buona notizia, la coppia si incontrò sul lago di Como per una breve vacanza prima che Einstein sostituisse Rebstein. Nella lettera a un'amica, Mileva descrisse una gita per la campagna innevata che fece insieme ad Albert su una slitta a cavalli:

> All'inizio traversammo lunghe gallerie e subito dopo ci ritrovammo in aperta campagna, dove per chilometri e chilometri non si vedeva altro che neve, tanto che a volte rabbrividivo di fronte a quell'infinito candido e freddo e tenevo stretto il braccio del mio innamorato sotto i cappotti e le coperte in cui eravamo avvolti ... Ero così felice di avere di nuovo il mio amato per un po', tanto più che lo vedevo altrettanto felice.[13]

[13] Einstein 1987-2006. Cfr. anche Fölsing 1997.

Mileva doveva aver detto ad Albert che era incinta poco dopo questa gita, poiché verso la fine di maggio 1901 le lettere di lui iniziarono a fare riferimenti indiretti al lieto evento, rassicurandola che le sarebbe stato vicino e che tutto sarebbe andato bene. Di solito, tuttavia, in queste lettere Einstein manifesta molto più entusiasmo per una meravigliosa scoperta recente della fisica di cui era venuto a conoscenza. Il fisico tedesco Philipp von Lenard aveva scoperto che era possibile estrarre elettroni da una superficie metallica irradiandola di luce ultravioletta. Lenard aveva anche scoperto, stranamente, che l'energia degli elettroni emessi dalla superficie metallica non dipendeva dall'intensità della luce. Che fosse debole o intensa, gli elettroni emessi avevano sempre la stessa energia (fondamentalmente, la stessa velocità). Com'era possibile? Einstein avrebbe spiegato il fenomeno appena quattro anni dopo e per questa spiegazione avrebbe ricevuto il premio Nobel nel 1922, con conseguenze importanti per la sua vita e per quella di Mileva. Nel 1901, però, le speranze nate in primavera lasciarono ancora una volta il posto all'incertezza sul futuro.

A Einstein piacque molto il suo breve incarico da insegnante e fu particolarmente lieto di scoprire che dopo cinque o sei ore di lavoro (le lezioni iniziavano presto in Svizzera) aveva ancora la mente abbastanza sgombra per poter lavorare in biblioteca o a un problema interessante a casa, quindi poteva continuare il suo lavoro scientifico anche senza avere collegamenti ufficiali con un'università. E la domenica poteva prendere il treno per andare a trovare Mileva. Tuttavia, quando il periodo di supplenza terminò, e la coppia iniziò a realizzare le implicazioni della gravidanza di Mileva, il futuro sembrò ancora una volta meno promettente – e il posto vacante all'Ufficio brevetti di Berna non era stato ancora annunciato. In luglio Mileva fu di nuovo bocciata agli esami, ottenendo un risultato di poco migliore di quello dell'anno precedente. Abbandonando ogni speranza di conseguire un dottorato, incinta e depressa, tornò a casa da sola per andare a trovare i genitori e comunicare la sgradita notizia. Einstein accettò un lavoro insoddisfacente come insegnante in una scuola privata tanto per sbarcare il lunario e dedicò tutto il tempo possibile a scrivere una nuova dissertazione, sviluppando le sue idee sulle forze tra molecole. Sperava di usare questo saggio per conseguire un dottorato, che a quel punto considerava come la migliore opportunità per ottenere un incarico accademico.

In autunno Mileva tornò in Svizzera, però non poteva abitare con Albert né farsi vedere insieme a lui, poiché la gravidanza ormai evidente avrebbe messo a rischio la condizione di insegnante rispettabile di Albert. Mileva andò a vivere in una città vicina, mentre Albert non fece altro che scusarsi di continuo di non trovare il tempo per andare a trovarla. In quel periodo ebbero pochi contatti e ancora una volta Mileva tornò dai suoi genitori. In novembre, Einstein completò la sua dissertazione e la presentò all'Università di Zurigo, raggranellando i 230 franchi richiesti affinché fosse presa in considerazione. Il professor Alfred Kleiner lesse la dissertazione, ma fece infuriare Einstein dapprima indugiando fino al nuovo anno inoltrato prima di fare qualche osservazione e poi consigliando al giovane di ritirarla volontariamente. Einstein, furibondo, seguì il consiglio (e almeno ebbe indietro i 230 franchi) e con gli amici inveì contro l'incompetenza di tutti i professori, in particolare di Kleiner. Probabilmente, però, Kleiner gli fece un favore. Non sono sopravvissute copie della dissertazione e non possiamo sapere che cosa ci fosse di sbagliato, ma a giudicare dagli articoli degli «Annalen der Physik» su cui a quanto pare si basava, è probabile che Kleiner non avesse tutti i torti. In seguito Einstein descrisse il saggio come «privo di valore».[14]

La salvezza

In ogni caso, la collera di Einstein fu mitigata dalla notizia che aveva ricevuto mentre Kleiner stava ancora esaminando la dissertazione. L'11 dicembre venne a sapere da Grossmann che era imminente l'annuncio del posto vacante all'Ufficio brevetti. Per la prima volta nella storia dell'Ufficio brevetti, l'annuncio precisava che i candidati dovevano avere una formazione universitaria in un «indirizzo specificamente fisico»; prima del 1902 all'Ufficio bre-

[14] Fölsing 1997.

vetti svizzero non c'erano mai stati fisici. Agendo d'impulso Einstein, oltre a presentare domanda per il posto, si licenziò e si trasferì a Berna nel gennaio 1902, beatamente incurante del fatto che anche se avesse ottenuto il lavoro non avrebbe iniziato subito. All'incirca nello stesso momento diventò padre; dopo un parto difficile (in cui rischiò davvero la vita), Mileva diede alla luce una bambina, Lieserl.

Anche se dalla loro corrispondenza è chiaro che all'epoca intendevano tenere con sé la figlia, non era proprio possibile che Mileva la portasse in Svizzera. Un rispettabile dipendente pubblico svizzero non poteva assolutamente sfidare la morale convenzionale – e all'epoca a Berna la morale convenzionale era tanto rigida che alle donne era legalmente proibito fumare per strada. Non avevano nessuna speranza di sposarsi prima che Albert ottenesse l'impiego all'Ufficio brevetti, e non avrebbe avuto nessuna possibilità di ottenerlo se le autorità fossero venute a conoscenza della sua relazione con Mileva. Pertanto, quanto meno a breve termine, Einstein avrebbe vissuto a Berna come uno scapolo squattrinato ma indipendente. Era quasi una replica del suo periodo da studente a Zurigo.

La burocrazia svizzera tirava per le lunghe lo svolgimento dei colloqui e le nomine dei nuovi funzionari per coprire i due posti vacanti, e nel frattempo Einstein doveva sopravvivere. Decise di guadagnare qualcosa con l'insegnamento privato, dando lezioni agli studenti dell'Università di Berna, e mise un'inserzione sul giornale locale, racimolando un paio di allievi disposti a pagare il modesto compenso richiesto. Uno di questi giovanotti, Louis Chavan, di lì a poco divenne suo buon amico. Einstein aveva già qualche conoscente a Berna. Un compagno di scuola di Aarau, Hans Frösch, era studente di medicina e Paul Winteler, uno dei fratelli di Marie, studiava giurisprudenza. Un altro vecchio amico, Max Talmey, nella primavera del 1902 era in vacanza in Italia; dopo essere andato a trovare Hermann e Pauline Einstein a Milano, fece visita anche ad Albert a Berna. Talmey lo trovò che viveva in una «misera stanzetta ammobiliata» e lottava per far quadrare i conti.[15] Se

[15] Cfr. l'articolo del «New York Post», 25 febbraio 1931.

dal punto di vista economico la situazione era tanto difficile da fargli patire la fame, socialmente e intellettualmente Einstein si divertiva come un matto.

Durante le vacanze di Pasqua, pubblicò di nuovo un'inserzione in cui si offriva come insegnante privato. Questa volta, tra coloro che risposero ci fu Maurice Solovine, un ventiseienne rumeno di famiglia ricca affascinato dalle grandi idee della fisica e della filosofia, ma molto incerto riguardo alla direzione da seguire. In lui Einstein trovò uno spirito affine e quando i due diventarono amici stretti e presero a incontrarsi spesso per discutere dei grandi problemi del giorno l'idea che Solovine pagasse per la propria educazione fu presto dimenticata. All'inizio dell'estate, si unì a loro Conrad Habicht, uno studente di matematica, e i tre fondarono l'Accademia Olympia, incontrandosi tutte le sere per leggere insieme libri sulle grandi idee della filosofia e della fisica. Tra quelli che esercitarono maggiore influenza su Einstein vi erano le opere di David Hume, Ernst Mach e Henri Poincaré. Fu Poincaré a far conoscere a Einstein le geometrie non euclidee, versioni matematicamente coerenti e logiche della geometria in cui, per esempio, la somma degli angoli interni di un triangolo non è uguale a 180° e linee parallele possono incontrarsi o divergere.[16] *La scienza e l'ipotesi* di Poincaré, libro che l'Accademia Olympia studiò e discusse nei dettagli, pone una domanda interessante sulla relazione tra queste geometrie e il mondo in cui viviamo: che cosa succederebbe se gli astronomi scoprissero che due raggi di luce paralleli che viaggiano nello spazio alla fine convergono? Ne concluderebbero che lo spazio ha una geometria non euclidea, oppure che una forza sconosciuta devia i raggi di luce? Poincaré non dubitava che la risposta giusta sarebbe stata la seconda.

Mentre Albert a Berna si divertiva nella povertà, Mileva era tornata a Zurigo senza la bambina, lasciata dai parenti o da un'amica in Serbia. Le visite di Einstein erano rare, anche dopo il trasferimento di Mileva in una cittadina più vicina a Berna, e nonostante le lettere affettuose che le scriveva è probabile che la relazione sarebbe potuta finire proprio come la relazione con Marie, se non

[16] Per pura coincidenza, più o meno nello stesso periodo Marcel Grossmann stava studiando la geometria non euclidea per il suo dottorato.

fosse stato per la bambina e per il senso del dovere che Einstein provava nei confronti di una donna che aveva, come si diceva ancora all'epoca, «rovinato».

Le prospettive di Mileva migliorarono nel maggio 1902, quando finalmente Einstein fu chiamato per un colloquio all'Ufficio brevetti e accettò il posto di «tecnico di terza classe» che gli venne debitamente offerto. L'altro candidato che ottenne lo stesso incarico era un ingegnere, Heinrich Schenk. L'Ufficio brevetti aveva riconosciuto di aver bisogno di un fisico perché ora gran parte del lavoro riguardava invenzioni basate sull'applicazione dell'elettromagnetismo, ma Einstein non aveva esperienza di questioni tecniche e quindi inizialmente fu assunto in prova, con uno stipendio annuo di 3500 franchi (circa il doppio di quanto avrebbe guadagnato come assistente universitario). Anche se iniziò a lavorare nel giugno 1902, diventò di ruolo solo nel settembre 1904, con uno stipendio annuo di 3900 franchi. Anche lo stipendio iniziale, però, era una manna per Einstein, che in una lettera annunciò allegramente a Mileva che poteva abbandonare la fastidiosa occupazione di «patire la fame».[17]

Non esistevano più impedimenti economici al matrimonio, ma c'era ancora la forte opposizione dei genitori di Einstein, che sapevano della bambina. Pauline, in particolare, considerava Mileva un'astuta sgualdrina straniera che stava cercando di intrappolare suo figlio. La situazione non era migliorata dal fatto che, sebbene gli Einstein fossero ebrei laici, nessun membro della famiglia aveva mai sposato un gentile. Nonostante la sua natura indipendente e la sua vena ribelle, Einstein non trovava il coraggio di disobbedire ai genitori. Forse la sua riluttanza era dovuta anche al desiderio di non procurare altro dolore alla famiglia in un momento in cui era già in uno stato di tensione. L'ultima impresa familiare non era proprio fallita, ma era chiaro che non sarebbe mai stata abbastanza redditizia da ripagare gli enormi debiti che gli Einstein avevano contratto con i parenti, i quali avevano iniziato a battere cassa. In aggiunta, Hermann aveva problemi di cuore, senza dubbio esacerbati dallo stress causato dagli anni di fallimenti come uomo d'af-

[17] Einstein e Marič 1992.

fari. Nell'ottobre 1902, il suo cuore cessò di combattere; Hermann aveva soltanto cinquantacinque anni.

Secondo Maja, la sorella di Einstein, sul letto di morte il padre si intenerì e diede al figlio il permesso formale di sposare Mileva.[18] Per ironia della sorte, tuttavia, la morte del padre indebolì la capacità di Einstein di mantenere una moglie, poiché ogni mese inviò parte del suo stipendio a Pauline, per aiutarla a ripagare i debiti che le aveva lasciato in eredità il marito. Ciononostante, verso la fine dell'anno Mileva si trasferì a Berna e il 6 gennaio 1903 la coppia si sposò civilmente. Gli unici testimoni erano gli altri due membri dell'Accademia Olympia, Habicht e Solovine. Molti anni dopo, Einstein confessò al suo biografo Carl Seelig che si era sposato per «senso del dovere» pur provando «un'intima resistenza».[19] Da parte sua, Mileva sembrò considerarlo comunque un matrimonio d'amore e assunse di buon grado il ruolo di moglie, cucinando e prendendosi cura del novello sposo, e sopportando al contempo i suoi amici. L'unico problema, dal suo punto di vista, era che cosa fare di Lieserl.

La coppia iniziò una vita confortevole sistemandosi in un appartamento di Berna. In una lettera all'amico Besso, Albert scrisse: «Sto conducendo una vita familiare molto gradevole con mia moglie. Lei si prende cura di tutto in maniera eccellente, cucina bene ed è sempre di buon umore».[20] Nello stesso periodo, Mileva scrisse all'amica Helene Savič: «[Albert] è la mia unica compagnia e sono quanto mai felice quando è accanto a me».[21]

Mileva però non era l'unica compagnia del marito. Albert aveva ancora il suo lavoro all'Ufficio brevetti, che gli piaceva, e i suoi amici, compresi gli «olimpici». E aveva le sue ricerche, condotte nel tempo libero e nei momenti di calma all'Ufficio brevetti, che ora si stavano sviluppando in direzioni estremamente promettenti. Tra il 1902 e il 1904 Einstein produsse una serie di tre articoli, tutti pubblicati negli «Annalen der Physik», che per poco non lo resero famoso come membro importante della comunità scientifica.

[18] Cfr. Overbye 2000.
[19] Seelig 1956.
[20] Einstein 1987-2006.
[21] Overbye 2000.

Lavorando sempre e soltanto da solo, Einstein scoprì come interpretare matematicamente le leggi della termodinamica soltanto in funzione del comportamento statistico di una miriade di minuscole particelle; venivano gettate così le basi della meccanica statistica. L'unico problema, che Einstein ignorava, era che l'americano Josiah Willard Gibbs era stato più veloce di lui e nel 1902 aveva pubblicato il libro che diventò il testo fondamentale della meccanica statistica. I due approcci erano quasi identici, ma Einstein venne a conoscenza del libro di Gibbs solo nel 1905, dopo che era stato tradotto in tedesco. Il fatto che due persone abbiano scoperto in maniera indipendente i fondamenti della meccanica statistica all'incirca nello stesso momento non è sorprendente, poiché si trattava di un passo che (per chiunque fosse tanto bravo da compierlo) seguiva logicamente dalle ricerche di pionieri quali Maxwell e Boltzmann. Fu solo per sfortuna che Einstein arrivò secondo in quell'occasione, ma chi avesse letto e capito quegli articoli degli «Annalen der Physik» non avrebbe avuto ragione di dubitare che il loro autore fosse uno scienziato di rilievo.

Non sappiamo quali discussioni si svolsero tra Albert e Mileva nei primi mesi di matrimonio riguardo alla figlia, ma in agosto Mileva tornò in patria per risolvere la situazione. Restò in Serbia per un mese, durante il quale scoprì di essere di nuovo incinta, e poi tornò in Svizzera senza la bambina. Gli storici hanno esaminato con cura la frammentaria corrispondenza ancora esistente di quel periodo, nel tentativo di scoprire che cosa ne fu di Lieserl, ma di fatto la bambina scomparve dalla scena nel settembre 1903. L'opinione generale è che sia stata adottata, ceduta formalmente a una coppia straniera o forse inserita informalmente, con un altro nome, nella famiglia dell'amica di Mileva Helene Savič. Un riferimento alla scarlattina in una lettera di Albert a Mileva suggerisce la possibilità che sia morta da piccola, come accadeva a molti bambini all'epoca. Quale che sia stato il destino di Lieserl, quando Mileva tornò a Berna nell'autunno del 1903 fu essenzialmente un nuovo inizio, coronato dall'arrivo del primo figlio maschio di Einstein, Hans Albert, il 14 maggio 1904.

Intanto nella cerchia di amici di Einstein c'erano stati cambiamenti importanti. Habicht e Solovine avevano completato gli studi e si erano trasferiti altrove, ma a quel punto Einstein poteva sostituirli con interlocutori scientifici più che soddisfacenti. Il suo amico Michele Besso aveva avuto difficoltà a guadagnarsi da vivere come ingegnere libero professionista e quando all'Ufficio brevetti si liberò un posto di «tecnico di seconda classe» Einstein lo informò al riguardo. Besso si candidò e ottenne il posto, a partire dall'estate del 1904. Besso aveva un incarico di grado superiore rispetto a Einstein e uno stipendio annuo di 4800 franchi (lo stipendio di Einstein passò da 3500 a 3900 franchi soltanto a settembre), ma ciò era del tutto appropriato alla sua età e alla sua esperienza.

Ora Einstein aveva un compagno con cui poteva parlare di scienza durante le pause del lavoro, mentre camminavano andando al lavoro o tornando a casa e durante il cosiddetto tempo libero. Ma il tempo libero in realtà era molto poco. In base ai resoconti dell'epoca, quando Einstein spingeva la carrozzina di Hans Albert la domenica pomeriggio aveva la pipa in bocca e un taccuino appoggiato sulla carrozzina, pronto a prendere nota dei suoi pensieri se lo coglieva l'ispirazione. Grazie a Mileva, non aveva incombenze familiari e non doveva mai occuparsi di noiose pratiche quotidiane come cucinare e pulire. Fu in questo senso che Mileva dette un contributo importante al suo anno miracoloso; anche se forse sognò di costituire un partenariato scientifico con Albert, come Marie e Pierre Curie (che vinsero il premio Nobel insieme nel 1903), non vi riuscì mai.

Con lo scioglimento dell'Accademia Olympia, l'arrivo sulla scena del figlio e di Besso e tre eccellenti articoli scientifici al proprio attivo, a quanto pare Einstein iniziò a prendersi più sul serio. In precedenza, aveva sempre discusso le sue idee con gli amici davanti a una tazza di caffè o a un bicchiere di vino, sviluppandone poche in maniera rigorosa, ma a quel punto si mise sul serio a lavorare su alcune idee che gli giravano per la mente da anni. Innanzitutto decise di completare una nuova dissertazione, mettendo a frutto la sua crescente comprensione dei processi statistici, e di tentare nel modo giusto di ottenere l'inafferrabile dottorato. E poi aveva altre tre idee, riguardo alla realtà degli atomi, ai quanti di luce di Planck e al vecchio problema di come apparirebbe il mondo se si potesse viaggiare alla velocità della luce. Alla fine del 1904, benché nemmeno Einstein potesse rendersene conto, la scena era pronta per la più grande profusione di creatività scientifica dai tempi di Isaac Newton.

2.

L'*annus mirabilis*

Nel marzo 1905 Albert Einstein compì ventisei anni; due mesi dopo, suo figlio Hans Albert festeggiò il primo compleanno. Einstein ora aveva una famiglia regolare, un lavoro fisso, il caro amico Besso con cui parlare di questioni scientifiche e una routine prestabilita per lavorare senza scadenze ai propri progetti scientifici. Non gli restava molto tempo per la famiglia e pur essendo un padre amorevole oggi non sarebbe certamente considerato un modello di comportamento. Il «problema» di Lieserl era stato risolto, bene o male, e a quanto pare, una volta risolto, Einstein bandì la figlia dai suoi pensieri. Mileva, nonostante tutte le aspirazioni scientifiche di un tempo, era fondamentalmente una donna di casa tradizionale, che si prendeva cura del marito in modo che lui si potesse concentrare su cose più importanti. Quanto alla paternità, Einstein, invece di sopportare le distrazioni di cui fa esperienza la maggior parte dei neopadri, le ignorava bellamente, così come per tutta la vita ignorò qualunque cosa minacciasse di disturbare il suo lavoro scientifico.[1] Diversi testimoni hanno raccontato come nelle occasioni in cui si sarebbe dovuto occupare del bambino fosse facile trovarlo con la pipa in bocca, mentre con una mano faceva dondolare la culla e con l'altra scriveva calcoli sul suo onnipresente taccuino. Questa capacità di isolarsi dalle distrazioni del mondo intorno a lui e di concentrarsi sui problemi che lo interessavano fu una delle ragioni princi-

[1] La storia che più in là negli anni smise di usare i calzini per risparmiarsi il fastidio di trovarne di puliti da indossare è vera, e la dice lunga sul suo carattere.

pali per cui riuscì a scrivere una tale profusione di articoli nel 1905 e a mantenere un livello elevato di produzione scientifica per molti anni.

Il primo accenno a ciò di cui si era occupato nei primi mesi del 1905 compare in una lettera che scrisse alla fine di maggio all'amico Conrad Habicht:

> Ti prometto ... quattro articoli. Il primo ... ha per oggetto la radiazione e le proprietà energetiche della luce ed è decisamente rivoluzionario, come vedrai ... Il secondo articolo è una determinazione delle dimensioni effettive degli atomi a partire dalla diffusione e dall'attrito interno di soluzioni liquide diluite di sostanze neutre. Il terzo dimostra che, sulla base della teoria molecolare del calore, già particelle dell'ordine di grandezza di un millesimo di millimetro, in sospensione in un liquido, devono compiere movimenti casuali osservabili, causati dall'agitazione termica. Il movimento dei corpi in sospensione è stato effettivamente osservato dai fisiologi, che lo chiamano moto molecolare browniano. Il quarto articolo è soltanto un abbozzo iniziale ed è un'elettrodinamica dei corpi in movimento, che fa ricorso a una modificazione della teoria dello spazio e del tempo; la parte puramente cinematica di questo articolo ti interesserà certamente.[2]

Questa è una delle lettere più straordinarie della storia della scienza. Il primo articolo citato da Einstein stabiliva la realtà dei quanti di luce (che oggi chiamiamo «fotoni») ed era così rivoluzionario che gli fece ottenere il premio Nobel – anche se proprio perché era così rivoluzionario il resto della comunità scientifica impiegò sedici anni per raggiungerlo e conferirgli quel premio. Il secondo articolo fu la base della sua tesi di dottorato. Il terzo dimostrava la realtà degli atomi. E il quarto presentò a un mondo perplesso la teoria ristretta della relatività.

La tesi di dottorato

Descriverò questi lavori in un ordine leggermente diverso, iniziando dalla tesi di dottorato. Una delle buone ragioni per farlo è che questo era il meno rivoluzionario dei quattro articoli, e Einstein lo sapeva. Quando decise di tentare una seconda volta di ot-

[2] Cit. in Seelig 1956.

tenere un dottorato dall'Università di Zurigo, Einstein non intraprese un nuovo progetto specifico per realizzare l'obiettivo, ma a quanto pare considerò semplicemente i vari progetti che aveva in corso e scelse il più semplice, basato su metodi tradizionali, sicuri, così da non mettere troppo alla prova l'immaginazione dei docenti. Fece anche attenzione a scegliere un lavoro basato su osservazioni sperimentali, anche se non realizzò personalmente gli esperimenti. A questo proposito la sorella Maja raccontò che Einstein dapprima sottopose l'articolo sull'elettrodinamica dei corpi in movimento (la teoria ristretta della relatività), che fu rifiutato perché gli esaminatori non lo capirono;[3] sembra, però, che sia una leggenda. Non ci sono prove di questa tesi rifiutata; Einstein aveva troppo buon senso per sconcertare gli esaminatori in questo modo e in ogni caso l'articolo fu l'ultimo dei quattro a essere completato, come dimostra la lettera a Habicht.

In realtà Einstein completò l'articolo che diventò la sua dissertazione, prosaicamente intitolato *Una nuova determinazione delle dimensioni molecolari*, alla fine di aprile, ma lo presentò all'Università di Zurigo soltanto il 20 luglio 1905. Forse il ritardo fu dovuto al fatto che in primavera era impegnato a lavorare alle altre idee e arrivò a decidere quale articolo presentare solo in estate. Anche se il titolo della dissertazione si concentra sulle dimensioni delle molecole, la tecnica descritta da Einstein in realtà fornisce anche una misura del numero di molecole (o atomi) presenti, in questo caso in una soluzione. È una caratteristica tipica dei metodi usati per stimare il numero e le dimensioni di atomi e molecole nell'Ottocento e all'inizio del Novecento e mostra un Einstein che si basa sui lavori precedenti, più che imboccare una nuova direzione.

Il problema era che nelle descrizioni matematiche del comportamento di atomi e molecole nelle equazioni compaiono sia le dimensioni sia il numero di queste particelle. Come abbiamo imparato tutti a scuola, se abbiamo un'equazione con una quantità incognita (di solito indicata con x), possiamo risolvere l'equazione e trovare il valore dell'incognita, ma se abbiamo un'unica equazione con due incognite (x e y) non possiamo stabilirne i valori. A tal fine sono

[3] Cfr., per esempio, Fölsing 1997.

necessarie due equazioni diverse, contenenti entrambe *x* e *y*. Quindi tutti i metodi «classici» per determinare le dimensioni e il numero delle molecole in una certa quantità di materia dipendevano dall'uso di due equazioni per risolvere le due incognite.

Il numero che compare in questi calcoli era il numero di Avogadro, dal nome dello scienziato che concepì questa idea nel 1811.[4] È il numero di particelle (atomi o molecole) contenute in una quantità di materiale il cui peso in grammi è numericamente uguale al peso atomico (o molecolare) della sostanza. Il peso atomico del carbonio, per esempio, è 12; quindi 12 grammi di carbonio contengono un numero di atomi pari al numero di Avogadro. Il peso atomico dell'idrogeno è 1, ma ciascuna molecola di idrogeno contiene due atomi, quindi il suo peso molecolare è 2. Perciò 2 grammi di gas idrogeno contengono anche un numero di Avogadro di molecole e così via.

Uno dei primi tentativi di calcolare il valore di questo numero, e simultaneamente le dimensioni delle molecole, fu compiuto dal tedesco Johann Loschmidt a metà degli anni sessanta dell'Ottocento. I suoi calcoli si basavano sulla distanza media percorsa dalle particelle in un gas tra una collisione e l'altra (detta «cammino libero medio») e sulla percentuale di volume del gas occupata effettivamente dalle molecole stesse. Secondo il ragionamento di Loschmidt, in un liquido tutte le molecole devono toccarsi senza lasciare spazi liberi, perciò la misura della densità del liquido, che dipende dal numero e dalle dimensioni delle molecole presenti, dovrebbe indicare il volume occupato dal numero di Avogadro di molecole. Quando il liquido viene riscaldato e diventa un gas, le molecole devono ancora occupare lo stesso volume del liquido originale, però con molti spazi vuoti tra l'una e l'altra. È solo nel gas che nei calcoli compare il cammino libero medio.

Loschmidt effettuò i calcoli nel caso dell'aria, che è per lo più una miscela di ossigeno e azoto, e le stime della densità dell'azoto liquido e dell'ossigeno liquido che utilizzò non erano esatte come quelle moderne; le combinò con i calcoli del cammino libero medio, anch'esso dipendente dal numero e dalle dimensioni delle molecole

[4] Oggi questo numero è chiamato «costante» di Avogadro, ma qui rimarremo fedeli al nome usato ai tempi di Einstein.

presenti, basandosi su misurazioni dei cambiamenti della pressione esercitata dall'aria quando viene compressa in un volume più piccolo. Loschmidt trovò che una tipica molecola di aria doveva avere un diametro di qualche milionesimo di millimetro, ottenendo una stima del valore del numero di Avogadro pari a $0,5 \times 10^{23}$, il che significa 5 seguito da 22 zeri, o 50 000 miliardi di miliardi.

L'approccio di Einstein al problema si basava anch'esso sulla soluzione di due equazioni diverse simultaneamente, ma usava un sistema fisico molto diverso. Einstein si rese conto della possibilità di dedurre le dimensioni delle molecole (e il numero di Avogadro) da misurazioni che erano già state effettuate sul comportamento di soluzioni di zucchero in acqua. Tuttavia, come si è già detto, non condusse personalmente gli esperimenti. L'aspetto nuovo del lavoro di Einstein (che giustificò il conferimento del dottorato) era la procedura matematica con cui calcolò come si sarebbero comportate le molecole di zucchero in tale soluzione e come ciò avrebbe influenzato le proprietà misurabili della soluzione. La particolarità del lavoro non era il fatto che fornisse un valore per il numero di Avogadro o per le dimensioni delle molecole – lo facevano anche le precedenti tecniche basate sulla teoria cinetica dei gas, come il metodo di Loschmidt. Il contributo speciale di Einstein fu l'aver trovato un modo per ottenere risultati validi come quelli basati sulla teoria cinetica dei gas utilizzando soltanto i liquidi. In precedenza, le stime basate sugli studi dei liquidi erano sempre state grossolane. A un certo punto, come vedremo, Einstein sviluppò tecniche con applicazioni molto generali per l'industria in tutti i casi in cui si usano sospensioni di particelle nei liquidi.

La tecnica dipendeva dal fatto che le molecole di zucchero sono molto più grosse delle molecole di acqua. Poiché – come comprese Einstein – alcune molecole di acqua in effetti si attaccano alle molecole di zucchero presenti nella soluzione, le dimensioni effettive delle molecole di zucchero sono ancora più grandi, il che rende ancora più precisi gli assunti usati nei suoi calcoli.

È facile descrivere i ragionamenti alla base di questi calcoli. Quando qualcosa si dissolve nell'acqua, la viscosità della soluzione aumenta. Supponendo che ciascuna molecola di zucchero sia una grande sfera in un mare di molecole di acqua molto più piccole,

Einstein riuscì a formulare un'equazione che collegava questo cambiamento della viscosità (che può essere misurato) al volume totale del fluido occupato dallo zucchero (che dipende da due quantità sconosciute, le dimensioni di ciascuna molecola di zucchero e il numero di molecole di zucchero presenti). Poiché gli sperimentatori misurano sempre il peso dello zucchero (o di un'altra sostanza) che si aggiunge alla soluzione, il numero delle molecole presenti può sempre essere espresso in termini del numero di Avogadro.

Einstein considerò poi come si diffonde lo zucchero nell'acqua e calcolò la forza che agisce su una singola molecola di zucchero mentre si muove nel mare di molecole di acqua. Questa poteva essere collegata a un'altra proprietà misurabile della soluzione, la sua «pressione osmotica», mediante un'altra equazione che dipendeva dal numero delle molecole di zucchero presenti e dalle loro dimensioni. Quindi Einstein derivò due equazioni, ciascuna delle quali conteneva le due incognite, il numero di Avogadro e le dimensioni di una molecola di zucchero, ed era direttamente collegata a proprietà misurabili della soluzione, la viscosità e la pressione osmotica.

Una volta formulate le due equazioni, bastava semplicemente inserire i valori della viscosità e della pressione osmotica che erano già noti ed erano stati pubblicati in tabelle standard elencanti le proprietà di queste soluzioni. Per la cronaca, le «risposte» fornite dalle equazioni furono che le molecole di zucchero (che sono molto più grandi delle molecole di azoto o di ossigeno) hanno un raggio di circa $9{,}9 \times 10^{-8}$ centimetri (9,9 centomilionesimi di centimetro) e che il numero di Avogadro è $2{,}1 \times 10^{23}$ (210 000 miliardi di miliardi). Questo valore è in buon accordo con la stima di Loschmidt, ma la parte straordinaria della dissertazione è qualcosa che non si può spiegare a parole, ovvero le sofisticate tecniche matematiche usate da Einstein per dedurre le equazioni.[5]

Per apprezzare pienamente il valore matematico del lavoro di Einstein teniamo conto di che cosa scrissero nella relazione ufficiale dell'Università di Zurigo i professori che lo esaminarono. Alfred Kleiner commentò: «I temi prescelti e i calcoli da effettuare

[5] Va ricordato che ciò che conta non è tanto il coefficiente (0,5 o 2,1) quanto l'accordo sull'esponente, 23.

sono tra i più difficili di tutta l'idrodinamica e potevano essere affrontati soltanto da qualcuno in possesso della comprensione e del talento necessari per la trattazione di problemi matematici e fisici ... Il signor Einstein ha dimostrato di avere la capacità di occuparsi con successo di problemi scientifici». Il suo collega Heinrich Burkhardt scrisse: «Lo stile dell'analisi dimostra una fondamentale padronanza dei metodi matematici pertinenti».[6] In seguito lo stesso Einstein raccontò al suo biografo Carl Seelig che l'unico commento ufficiale che aveva ricevuto era che la tesi era troppo corta; in risposta, aveva aggiunto una sola frase, dopo di che la tesi era stata accettata. Anche se l'Università di Zurigo accettò ufficialmente la tesi all'inizio di agosto 1905, tutte le formalità richieste per il conferimento del dottorato furono completate soltanto il 15 gennaio 1906. L'autore di tutti gli articoli che scrisse durante l'*annus mirabilis* era quindi «*Herr* Einstein», non «*Herr Doktor* Einstein».

Subito dopo l'accettazione della tesi, Einstein ne sottopose una versione lievemente modificata agli «Annalen der Physik», ma la pubblicazione fu rimandata fino al 1906 perché il direttore della rivista, Paul Drude, era a conoscenza di misurazioni delle proprietà delle soluzioni di zucchero più recenti e precise di quelle usate da Einstein. Quando Einstein, su sua richiesta, tenne conto di questi dati, i risultati cambiarono leggermente, nella direzione giusta, come sappiamo oggi. La storia proseguì, poiché l'articolo di Einstein finì per incoraggiare altri sperimentatori a misurare le proprietà pertinenti di quelle e altre soluzioni in maniera ancora più precisa. Si scoprì anche che Einstein aveva commesso un piccolo errore nei suoi calcoli, di cui non si erano accorti né gli esaminatori dell'Università di Zurigo né Drude. La versione definitiva del metodo di Einstein per calcolare il numero di Avogadro dalle proprietà delle soluzioni di zucchero fu pubblicata dagli «Annalen der Physik» nel 1911; il valore ottenuto era $6{,}56 \times 10^{23}$, che è molto vicino al valore oggi accettato, $6{,}02 \times 10^{23}$.

La saga della tesi di dottorato di Einstein non si era ancora conclusa, tuttavia. In termini scientifici, è l'articolo più banale tra

[6] Einstein 1987-2006; la traduzione del commento di Kleiner è di Fölsing, quella delle parole di Burkhardt è di Stachel.

quelli scritti nell'*annus mirabilis*, ma ha una curiosa particolarità: nel corso del tempo è stato molto più citato di tutti gli articoli davvero rivoluzionari dello stesso anno.

Uno dei modi con cui gli scienziati misurano il valore degli articoli scientifici consiste nel registrare quante volte vengono citati in altri articoli scientifici. Non è affatto un sistema perfetto, come testimonia il fatto che l'articolo originario di Einstein sulla relatività ristretta è stato citato molto di rado. La ragione, ovviamente, è che di lì a poco il contenuto dell'articolo diventò parte della trama consolidata della scienza, qualcosa che si impara dai libri di testo che «conoscono tutti»; pochi scienziati lo hanno letto, e tanto meno citato.

Per contro, l'articolo basato sulla tesi di dottorato è stato citato un gran numero di volte. Il numero è stato quantificato nel 1979, nell'ambito delle celebrazioni per il centenario della nascita di Einstein. Due ricercatori hanno condotto uno studio delle citazioni non solo degli articoli di Einstein, ma di tutti gli articoli scientifici (delle cosiddette scienze «esatte», come la fisica e la chimica) pubblicati prima del 1912.[7] La particolarità è che sono state considerate soltanto le citazioni contenute in articoli pubblicati tra il 1961 e il 1975, ricavando quindi un elenco di tutti gli articoli che erano ancora tanto importanti da essere citati almeno cinquant'anni dopo la loro pubblicazione. Tra i primi undici articoli di questa classifica, quattro sono di Einstein (nessun altro scienziato ha più di un articolo tra i primi undici) e il più citato di questi quattro articoli è la sua tesi di dottorato.

Perché questo articolo apparentemente banale è stato citato tanto spesso tra il 1961 e il 1975? Proprio perché è banale, nel senso che tratta di questioni pratiche importanti nel mondo di tutti i giorni, ovvero del comportamento di fluidi contenenti particelle in sospensione. Le equazioni derivate da Einstein sono utili in molti contesti, per esempio nell'industria casearia, in cui è importante comprendere e prevedere il comportamento del latte durante il processo di produzione del formaggio, nello studio dell'inquinamento e della diffusione di aerosol nell'atmosfera, per risolvere

[7] Cawkell e Garfield 1980.

problemi legati al comportamento del cemento trasportato in forma liquida e alla progettazione di camion per questo tipo di trasporto. Nella seconda metà del Novecento il lavoro svolto da Einstein nel 1905 per il suo dottorato si è dimostrato di grande importanza in molte applicazioni pratiche ed è ancora importante oggi, a più di cent'anni dalla stesura della tesi.

Atomi oscillanti

Per gli stessi motivi, l'articolo di Einstein classificato al secondo posto per numero di citazioni nello studio del 1979 non è quello sulla teoria ristretta della relatività né quello sulla fisica quantistica (per la verità, nessuno dei due arrivò tra i primi quattro), ma è l'articolo sul fenomeno noto come moto browniano. Fu proprio a quel lavoro che Einstein tornò a dedicarsi appena completata la stesura del testo che sarebbe diventato la sua tesi di dottorato, alla fine di aprile 1905. L'11 maggio, Paul Drude ricevette un articolo con un titolo magnifico, *Il moto delle particelle in sospensione nei fluidi in quiete, come previsto dalla teoria cinetico-molecolare del calore*, e senza la minima esitazione accettò di pubblicarlo.

Il moto browniano prende il nome dal botanico scozzese Robert Brown, che fu il primo a studiare in dettaglio il fenomeno nel 1827. Curiosamente, però, in questo articolo Einstein non stava cercando di spiegare il moto browniano; in realtà, in un certo senso lo stava prevedendo, sulla base del suo approccio statistico alla teoria cinetica, messo a punto nella serie di tre articoli citati in precedenza. È per questo motivo che l'espressione «moto browniano» non compare nel titolo dell'articolo. Nel primo capoverso, Einstein scrive:

> Può darsi che i moti che qui saranno considerati coincidano con il cosiddetto «moto molecolare browniano»; tuttavia i dati che ho potuto ottenere su quest'ultimo sono così imprecisi che non mi è stato possibile formulare alcun giudizio in merito.

Oggi però ne sappiamo abbastanza per avere un'opinione, perciò è ragionevole presentare questo aspetto del lavoro di Einstein prendendo in esame che cosa scoprì effettivamente Robert Brown.

Prima della scoperta di Brown era già stato notato come granellini di varie sostanze, in particolare di polline, sospesi in un liquido come l'acqua e osservati al microscopio, sembrano danzare compiendo movimenti a scatti, un po' come una persona che corre sul posto. Quindi Brown non scoprì il moto browniano. Prima del suo lavoro, tuttavia, sembrava che la spiegazione ovvia di questo moto fosse che le particelle erano vive; dopo tutto, i grani di polline sono una specie di equivalente vegetale delle cellule spermatiche degli animali e, se lo sperma si può muovere da solo, perché non dovrebbe farlo il polline? Quando Brown iniziò i suoi studi approfonditi nell'estate 1827 (i risultati furono pubblicati nel 1828), pensava che quella fosse la spiegazione più probabile. Poi, però, fece il passo logico successivo. Prese una serie di materiali chiaramente inanimati, come frammenti polverizzati di vetro e di granito, li sospese in acqua e osservò che presentavano esattamente lo stesso comportamento, dimostrando che il moto di una particella in sospensione non ha nulla a che vedere con qualche misteriosa forza vitale. «Questi moti – scrisse in quell'articolo del 1828 – erano tali da convincermi, dopo osservazioni ripetute molte volte, che essi non avevano origine da correnti nel fluido o dalla sua graduale evaporazione, ma erano propri delle particelle stesse».[8] Fu questa scoperta, un risultato dell'approccio davvero scientifico che adottò nel suo lavoro, a far sì che il suo nome venisse per sempre associato al fenomeno.

Se non era una forza vitale a causare il movimento, di che cosa mai si trattava? Nei decenni immediatamente successivi gli studiosi considerarono la possibilità che potessero avere un ruolo le correnti convettive (nonostante i commenti di Brown), gli effetti elettrici e la forza responsabile dell'azione capillare, oltre ad altre ipotesi più o meno folli. In quel periodo i risultati sperimentali più importanti in relazione al problema furono la scoperta che la velocità di queste oscillazioni aumenta al crescere della temperatura dell'acqua ed è inferiore per particelle più grandi. La combinazione di tali risultati con le idee della teoria cinetica indusse a supporre che le particelle venissero bombardate dalle molecole nell'acqua e che si muoves-

[8] Brown 1828.

sero a scatti in risposta alle spinte che ricevevano dalle singole molecole. Per produrre un cambiamento osservabile in un grano di polline o in un granello di polvere di granito, però, una molecola avrebbe dovuto essere inverosimilmente grande oppure viaggiare a una velocità inverosimilmente elevata.

All'inizio del Novecento i termini dell'enigma del moto browniano erano grosso modo questi. Einstein, tuttavia, come è chiaro dai suoi scritti, non aveva letto tutti gli sviluppi e non era aggiornato sull'argomento. Era a conoscenza del fenomeno del moto browniano, ma i suoi studi teorici di come si sarebbero dovute muovere le particelle sospese in un liquido non avevano l'obiettivo specifico di spiegare quel fenomeno. Erano piuttosto uno sviluppo logico dello studio condotto per la tesi di dottorato.

Come sappiamo dallo stesso Einstein, ciò che lo interessava davvero all'epoca era dimostrare la realtà degli atomi e delle molecole. Era pienamente convinto della validità della teoria cinetica del calore e vedeva nell'ampliamento della tesi di dottorato un mezzo per convincere anche gli altri. Per tale obiettivo, la distinzione tra atomi e molecole non ha importanza. Gli *atomi* sono i componenti fondamentali degli elementi, come l'idrogeno e l'ossigeno, e le *molecole* sono i componenti fondamentali delle sostanze composte, come l'acqua (ogni molecola d'acqua è composta da due atomi di idrogeno e un atomo di ossigeno).

Semplificando al massimo, la teoria cinetica afferma che ogni cosa è composta da minuscole particelle (atomi o molecole) che possono essere considerate come piccole sfere rigide. In un solido, le sferette sono ammassate l'una vicina all'altra e non si muovono l'una rispetto all'altra. In un liquido, si urtano leggermente e scivolano via come individui che camminano in mezzo a una gran folla, ma comunque sono essenzialmente in contatto con tutte le sfere vicine. In un gas, viaggiano liberamente nello spazio vuoto, rimbalzando l'una sull'altra e contro le pareti del contenitore in cui si trovano. Più calda è la sostanza e più veloci viaggiano le sferette, il che spiega la transizione da solido a liquido a gas di una sostanza che viene riscaldata, e poi da gas di nuovo a liquido e a solido quando si raffredda.

Nell'articolo che diventò la sua tesi di dottorato Einstein era già ricorso all'idea che le molecole di zucchero dissolte in acqua vengono bombardate da ogni parte dalle molecole di acqua, e che il modo in cui le molecole di zucchero si muovono nel mare di molecole di acqua influenza alcune proprietà misurabili della soluzione, la viscosità e la pressione osmotica. Il successo dei risultati di quell'articolo forniva già prove indiziarie convincenti a favore della teoria cinetica, ma non una dimostrazione diretta dell'esistenza di atomi e molecole. Per ottenere quella dimostrazione, era necessario ingrandire in qualche modo gli effetti del bombardamento da parte delle molecole di acqua, per renderli visibili, per lo meno al microscopio. Un grano di polline, per quanto minuscolo ci sembri (ha un diametro di circa un millesimo di millimetro), è enormemente più grande di una molecola di acqua (che si misura in milionesimi di millimetro), e anche di una molecola di zucchero. Einstein, però, con uno straordinario balzo mentale si rese conto che, riguardo al comportamento di particelle sospese in un liquido, quella era l'unica differenza importante tra un grano di polline (o un frammento di granito) e una molecola di zucchero. In quello che d'ora in avanti chiamerò «l'articolo sul moto browniano», Einstein scrive:

Secondo questa teoria [cinetica], una molecola di soluto si differenzia da una particella in sospensione *soltanto* per la grandezza, e non si comprende allora perché a un dato numero di queste particelle non dovrebbe corrispondere una pressione osmotica come quella che corrisponde allo stesso numero di molecole di soluto. Si dovrà supporre che, a causa dei moti molecolari del fluido, le particelle in sospensione si muovano di moto disordinato, anche se con grande lentezza.

Più avanti Einstein calcola il valore della pressione osmotica ed esamina la natura di quel movimento irregolare.

La pressione osmotica che compare sia in quell'articolo sia nella tesi di dottorato è un fenomeno curioso che merita di essere descritto un po' più nei dettagli. Se avete un contenitore pieno di acqua (o di qualche altro liquido), come un acquario, lo potete dividere in due inserendo una barriera piena di minuscoli fori, abbastanza grandi da far passare le molecole di acqua. Se lo fate, l'acqua potrà passare da una parte all'altra della barriera. Questo è il fenomeno dell'osmosi. Se ora però sciogliete qualcosa nell'acqua (per esempio, un po' di zucchero) in una metà della vasca, le molecole in soluzione sono troppo grandi per passare attraverso i forellini. In un tale allestimento, la barriera è detta «membrana semipermeabile», poiché lascia passare alcune molecole, ma non altre.[9] È a questo punto che le cose diventano interessanti.

Ora da un lato della membrana avete una soluzione di zucchero in acqua e dall'altro acqua pura. Ne risulta una pressione che fa passare le molecole di acqua da una parte all'altra della membrana. Forse immaginate (come fa la maggioranza delle persone la prima volta che sente parlare di questo esperimento) che la presenza delle molecole di zucchero spinga l'acqua nell'altra metà dell'acquario, rendendo più concentrata la soluzione e facendo salire il livello dell'acqua dall'altra parte della barriera. In realtà, succede proprio il contrario. Le molecole di acqua nella metà pura della vasca passano attraverso la membrana, diluendo la soluzione e facendo salire l'altezza del liquido nella metà in cui è presente lo zucchero. Il processo si ferma soltanto quando la pressione del maggior volume del liquido (la pressione osmotica) è sufficiente a fermare il flusso di molecole di acqua attraverso la membrana.

Questo comportamento controintuitivo è un esempio della famosa seconda legge della termodinamica in azione. Per ragioni di spazio non posso entrare nei dettagli, ma il punto che ci interessa qui, un punto fondamentale della legge, è che i processi naturali tendono ad attenuare le irregolarità presenti nell'Universo. A una scala molto grande, il Sole e le stelle riversano calore nell'Universo freddo; a una scala più familiare, un cubetto di ghiaccio in un bicchiere d'acqua si scioglie, attenuando le differenze e producendo un liquido amorfo. Nell'esempio della pressione osmotica, le molecole di acqua che si spostano nella soluzione di zucchero diluiscono la soluzione, la rendono più simile all'acqua pura, diminuendo in tal modo il contrasto tra i due fluidi separati dalla membrana semipermeabile.

Nell'articolo sul moto browniano, Einstein trattò innanzitutto alcuni argomenti simili a quelli analizzati in alcune parti della sua

[9] L'esperimento funziona anche con altre soluzioni, com'è ovvio, ma qui parleremo soltanto di acqua e zucchero, poiché questo è l'esempio usato da Einstein nella sua dissertazione.

tesi di dottorato, usando però un approccio matematico diverso (e alquanto più elegante). I suoi calcoli riguardavano la relazione tra la pressione osmotica, la viscosità e il modo in cui singole particelle sospese nel liquido si diffondono nel mare di molecole che le circonda. Questa volta, però, descriveva il comportamento di particelle abbastanza grandi da essere osservate al microscopio.

Il modo in cui affrontò il problema fu altrettanto importante dei risultati che ottenne. Einstein capì che la spinta di una singola molecola che colpisce una particella grande quanto un grano di polline non può produrre un cambiamento misurabile della posizione della particella. La particella grande, però, è costantemente bombardata da molecole, da ogni direzione. In media, le spinte da un lato sono bilanciate dalle spinte dal lato opposto, perciò ci si potrebbe aspettare che la particella grande non si muova affatto. Einstein si rese conto, tuttavia, che le parole importanti sono «in media». Se si considera un intervallo di tempo molto breve, in quell'istante la particella riceverà per caso più spinte da un lato e meno dall'altro. Per l'effetto congiunto di questo insieme di spinte, la particella si sposterà di pochissimo nella direzione di minor resistenza. Nell'istante successivo l'insieme di spinte cambierà e la particella si muoverà in un'altra direzione e così via. Riguardo alla natura di tale oscillazione statistica, Einstein capì che quanto accade durante cia scuno di questi piccoli intervalli è del tutto indipendente da quanto accade in ogni altro intervallo, anche quello immediatamente precedente.

A causa di questa indipendenza, e della natura statistica delle oscillazioni, la particella non si muove semplicemente avanti e indietro intorno allo stesso punto da cui è partita. Né continua a muoversi nella stessa direzione. Einstein scoprì che si allontana a poco a poco dal punto di partenza, seguendo un percorso a zig-zag che oggi è noto come «cammino casuale» e dimostrò che, quale che sia il suo punto di partenza, la particella se ne allontana in misura proporzionale alla radice quadrata del tempo trascorso. Se si allontana di una certa distanza in un secondo, quindi, si allontanerà del doppio in quattro secondi, di quattro volte tanto in sedici secondi e così via. Non procede sempre nella stessa direzione, però: dopo quattro secondi sarà lontana il doppio dal punto di partenza di quanto lo era dopo un secondo, ma in una direzione casuale e imprevedibile.

Nell'equazione formulata da Einstein, questo spostamento, chiamato «spostamento quadratico medio», è funzione della temperatura del liquido, della sua viscosità, del raggio della particella e del numero di Avogadro. Usando questa equazione e un valore del numero di Avogadro dedotto da altri esperimenti, Einstein previde che una particella con un diametro di 0,001 mm in acqua a una temperatura di 17 °C in un minuto si allontana di 6 milionesimi di metro dal punto di partenza. Inoltre capì che, potendo misurare con precisione lo spostamento previsto, si sarebbe potuta usare la stessa equazione nell'altra direzione e dare un valore al numero di Avogadro.

Questa previsione è un esempio classico di come funziona il metodo scientifico, poiché misurare come si allontana la particella dal punto di partenza avrebbe permesso di capire se la teoria su cui si basava fosse giusta o sbagliata. Come scrisse Einstein nell'articolo:

> se la nostra previsione si dimostrasse inesatta, ciò fornirebbe un serio argomento contro la concezione cinetico-molecolare del calore.

Non si rivelò inesatta. Anche se Einstein non lo sapeva quando scrisse l'articolo, all'inizio del Novecento i microscopisti stavano già sviluppando nuovi strumenti, noti come ultramicroscopi, capaci di misurare il tipo di movimento da lui descritto con una precisione sufficiente a verificare la previsione.

L'articolo sul moto browniano fu pubblicato nel luglio 1905 e quasi subito Henry Siedentopf, un fisico tedesco che lavorava alla realizzazione del nuovo ultramicroscopio, scrisse a Einstein per comunicargli che il tipo di movimento descritto nel suo articolo era quasi certamente un moto browniano. All'epoca non era ancora possibile verificare le previsioni dettagliate di Einstein; l'incoraggiamento però fu tale da fargli scrivere un altro articolo, questa volta intitolato semplicemente *Sulla teoria del moto browniano*, che inviò agli «Annalen der Physik» in dicembre; la rivista lo pubblicò nel 1906. Nell'articolo Einstein sviluppava ulteriormente le sue idee e formulava anche la previsione che le particelle in sospensione in un liquido sono soggette a un movimento rotatorio, chiamato «rotazione browniana», anche se non si aspettava che fosse osservabile.

Era estremamente difficile realizzare le osservazioni richieste con una precisione sufficiente a verificare le previsioni di Einstein e nei due anni successivi diversi ricercatori ci provarono senza successo; finalmente, nel 1908, ci riuscì il fisico francese Jean-Baptiste Perrin. Invece di cercare di misurare lo spostamento di singole particelle dal loro punto di partenza, Perrin utilizzò un altro risultato che era emerso nel frattempo dal modello teorico di Einstein, che faceva prevedere il modo in cui le particelle in sospensione in una soluzione si sarebbero disposte verticalmente.

Secondo tale previsione, le particelle in sospensione vengono trascinate verso il basso dalla gravità, raggiungendo lentamente il fondo del contenitore. A questo lentissimo movimento verso il basso, però, si sovrappone il cammino casuale di Einstein. L'effetto complessivo è una distribuzione verticale delle particelle, in numero maggiore al fondo e in numero minore in alto, in base a una legge matematica precisa (una specifica funzione esponenziale, che diminuisce al crescere dell'altezza). I risultati di Perrin corrispondevano esattamente alle previsioni della teoria di Einstein. Perrin fece un altro passo avanti e misurò la rotazione browniana che Einstein aveva predetto prima che qualcuno l'avesse mai osservata, inoltre utilizzò le osservazioni per una misura precisa del valore del numero di Avogadro.

Tutto ciò dimostrò definitivamente la realtà degli atomi e delle molecole, come pure la validità della teoria cinetica, mettendo a tacere i pochi (ormai pochissimi) che ancora ne dubitavano. Il lavoro era tanto importante che nel 1926 Perrin vinse il premio Nobel, «in particolare per la sua scoperta dell'equilibrio della sedimentazione», come recita la motivazione.

Il lavoro di Einstein dimostrò di avere molte altre applicazioni. Il genere di metodi statistici che aveva usato, associato all'idea di eventi casuali che hanno luogo in maniera indipendente in minuscoli intervalli di tempo, si dimostrò fruttuoso per un'ampia gamma di problemi fisici. Nel suo secondo articolo sul moto browniano (scritto anch'esso nell'*annus mirabilis*, anche se venne pubblicato in seguito), Einstein aveva fatto notare la possibilità di applicare lo stesso approccio allo studio delle fluttuazioni nei circuiti elettrici (il fenomeno che oggi chiamiamo «rumore») e negli anni a venire la tecnica sarebbe stata utilizzata nel nuovo settore della fisica quantistica. In quel contesto, per esempio, esattamente la stessa combinazione di effetti statistici e cambiamenti casuali che avvengono in intervalli di tempo indipendenti ha portato a comprendere la natura dell'emivita associata ai processi radioattivi.

Particelle di luce

Il collegamento con la fisica quantistica è quanto mai pertinente poiché nel successivo articolo dell'anno miracoloso che prenderò in esame Einstein getta una delle basi su cui poggia l'intero edificio della teoria quantistica. Curiosamente questo articolo, pur essendo l'unico che Einstein definì «molto rivoluzionario» (nella lettera a Conrad Habicht), per molti versi si basa su altri suoi lavori e agli occhi moderni appare meno rivoluzionario del lavoro sulla teoria ristretta della relatività. Questo giudizio, però, è dovuto al fatto che ormai siamo abituati all'idea che la luce esista sotto forma di minuscole particelle, i fotoni. Nel 1905, era un concetto davvero rivoluzionario, sebbene non fosse affatto nuovo.

Isaac Newton considerava la luce come un flusso di minuscole particelle e usò questo modello cercando di spiegare le sue osservazioni sul modo in cui la luce viene deviata passando attraverso un prisma e viene riflessa dagli specchi e sul motivo per cui si può scomporre in tutti i colori dell'arcobaleno, formando uno spettro. Un suo contemporaneo olandese, Christiaan Huygens, aveva sostenuto un'altra interpretazione dello stesso fenomeno, basata sull'idea che la luce sia una forma di onda, ma il modello newtoniano fu dominante (in gran parte perché Newton era considerato un semidio dai suoi successori) fino al lavoro dell'inglese Thomas Young e del francese Augustin Fresnel all'inizio dell'Ottocento. Anche se i contributi di Young e di Fresnel furono altrettanto importanti, quella che viene considerata la dimostrazione definitiva del fatto che la luce viaggia sotto forma di onda, come le increspature su uno stagno, deriva dall'esperimento di Young delle due fenditure.

L'esperimento consiste nel far passare un fascio di luce monocromatica (in seguito interpretata come luce di un'unica lunghezza d'onda) attraverso due fenditure di uno schermo (possono essere due minuscole fessure parallele, fatte con un rasoio, oppure due fori di spillo). Tutti abbiamo visto le increspature circolari concentriche che emanano dal punto in cui si fa cadere un sasso nell'acqua stagnante e la figura più complicata che si crea quando si lanciano contemporaneamente due sassi. La complicazione della seconda figura è causata dal fatto che i due insiemi di increspature interagiscono – come dicono i fisici, «interferiscono» l'uno con l'altro. Young dimostrò che nel suo esperimento la luce si diffonde dai forellini (o dalle fessure) nello stesso modo e che i due insiemi di onde, uno da ciascun foro, interferiscono l'uno con l'altro. Young (e poi molti altri) lo dimostrò collocando un secondo schermo al di là delle due fenditure, dalla parte opposta della fonte di luce, ed esaminando la figura a bande luminose e scure che si forma sul secondo schermo. Le bande luminose sono le zone in cui le due fonti di luce si combinano formando un'onda molto alta e le bande scure le zone in cui i due insiemi di increspature si annullano a vicenda. È una figura molto diversa da quella che ci si aspetterebbe se la luce viaggiasse sotto forma di minuscole particelle, come piccoli proiettili. Gli esperimenti sono tanto precisi che la distanza tra le bande sul secondo schermo può essere usata per calcolare la lunghezza d'onda della luce usata – e ciò in effetti dimostra che la luce viaggia sotto forma di onda.

Vale la pena di inserire questa straordinaria scoperta in una prospettiva storica. Newton aveva spiegato chiaramente le sue idee sulla luce e sul colore in un grande libro, *Ottica*, pubblicato nel 1704. La sua immagine della luce come flusso di minuscole particelle dominò per quasi cent'anni, fino al lavoro di Thomas Young all'inizio dell'Ottocento. È più o meno lo stesso intervallo temporale tra il lavoro di Einstein del 1905 e i nostri tempi – e l'intervallo tra Young e Einstein è uguale a quello tra Newton e Young. Suggerire all'inizio del Novecento che Newton aveva commesso un errore madornale era come se oggi si scoprisse qualcosa che dimostra un errore madornale di Einstein. Fu una scoperta sensazionale e passò del tempo prima che tutti se ne convincessero. Nei cent'anni tra Young e Einstein, tuttavia, si trovarono molte altre prove del fatto che la luce viaggia come un'onda.

Abbiamo già citato la più importante di queste prove: la scoperta di Maxwell delle equazioni che descrivono il movimento nello spazio delle onde elettromagnetiche (o «vibrazioni dell'etere», come si diceva all'epoca). Le equazioni di Maxwell descrivono queste onde e ne prevedono la velocità. Questa velocità è identica alla velocità della luce. Quali altre prove della natura ondulatoria della luce erano necessarie? Nel 1900, l'idea che la luce, come altre forme di radiazione elettromagnetica, esista sotto forma di onde sembrava essere una base solida della scienza tanto quanto l'idea che le mele cadono dagli alberi. Poi, però, comparve la prima crepa.

Due dei grandi settori di interesse scientifico alla metà e alla fine dell'Ottocento erano la termodinamica (che riguarda l'energia) e la luce (che era stata riconosciuta come onda ed era anche una forma di energia radiante): in questo contesto, «luce» indica tutti i tipi di radiazione elettromagnetica, compreso l'invisibile calore infrarosso, le onde radio e la luce ultravioletta. L'esistenza di una relazione tra calore (energia) e luce era chiara. Un pezzo di ferro appena tiepido al tatto non irradia alcuna luce visibile, ma se viene riscaldato diventa incandescente, dapprima rosso, poi arancione e infine bianco via via che la sua temperatura cresce. In effetti, la relazione tra colore e temperatura era ben conosciuta dal punto di vista qualitativo, tanto che i vasai, quando le misurazioni scientifiche non erano ancora possibili, erano soliti stimare la temperatura dei forni osservando il colore dei vasi che vi stavano cuocendo. Ma qual era la relazione quantitativa precisa tra luce ed energia? Quali erano le equazioni che potevano descrivere, o prevedere, il colore di un oggetto caldo solo in base alla sua temperatura?

Il primo ad affrontare questo problema dal punto di vista quantitativo fu il fisico tedesco Gustav Robert Kirchhoff, all'inizio degli anni sessanta dell'Ottocento. Kirchhoff era particolarmente interessato alla spettroscopia, lo studio delle caratteristiche configurazioni di linee in uno spettro (non tanto diverse dai moderni codici a barre) che corrispondono a elementi diversi, ma sviluppò anche un approccio termodinamico per comprendere la relazione tra luce ed energia basato sulla sua idea di «corpo nero». Un corpo nero sarebbe un oggetto che assorbe tutta la radiazione che lo colpisce, un assorbitore perfetto. Naturalmente, era impossibile che gli sperimentatori creassero un corpo nero perfetto da studiare in laboratorio, ma Kirchhoff escogitò qualcosa di molto simile e ideò un esperimento che utilizzava un contenitore chiuso con le pareti interne dipinte di nero, con un minuscolo foro come unica apertura verso l'interno. Qualsiasi radiazione fosse entrata dal forellino sarebbe stata assorbita e solo una minuscola quantità di radiazione sarebbe uscita dal forellino, facendo del contenitore un corpo nero quasi perfetto.

Questo però era solo il primo passo. In base alle leggi della termodinamica, un oggetto che assorbisse radiazioni di ogni tipo dovrebbe anche emettere radiazioni di ogni tipo, senza complicazioni riguardo a cose come le linee spettrali. Se il contenitore venisse riscaldato, le pareti interne incandescenti produrrebbero luce che rimbalzerebbe all'interno e si mescolerebbe completamente prima di uscire dal forellino, nella forma poi nota come «radiazione della cavità», o «radiazione del corpo nero» (l'espressione più comune oggi). Secondo i principi della termodinamica, sarebbe una forma di luce pura, di un colore che dipenderebbe soltanto dalla temperatura del contenitore il corpo nero. Cosa fondamentale, il colore della radiazione non dipenderebbe dal materiale costituente il corpo nero.

La radiazione del corpo nero, tuttavia, non è luce di un colore puro. È sempre una mescolanza di luce di colori diversi, cioè di lunghezze d'onda diverse. Per ogni data temperatura, comunque, vi è sempre un gruppo di lunghezze d'onda in cui l'energia irradiata è maggiore di quella irradiata a lunghezze d'onda minori o maggiori. Via via che la cavità viene riscaldata, l'intensità massima della luce si sposta dall'estremità dello spettro corrispondente alla lunghezza d'onda maggiore (rosso) attraverso i colori dell'arcobaleno (arancione, giallo, verde, blu e così via). Pertanto un pezzo di ferro (o qualsiasi altra cosa) portato al calore rosso irradia soprattutto luce rossa, ma anche una certa quantità di radiazione infrarossa (di lunghezza d'onda maggiore) e una certa quantità di luce gialla e arancione (di lunghezze d'onda minori).[10] Un grafico che rappresenta lo spettro di un corpo nero che irradia in questo modo ha l'aspetto di una collinetta, con un picco a una lunghezza d'onda particolare che corrisponde alla temperatura del corpo nero e i fianchi che scendono da entrambi i lati. Anche senza capire affatto perché dovesse essere così, fu immediatamente possibile utilizzare la scoperta a fini pratici. Per esempio, la forma dello spettro del Sole è molto simile alla «curva del corpo nero» per un oggetto con una temperatura di circa 6000 °C; gli astronomi poterono quindi misurare la temperatura della superficie del Sole (e anche di altre stelle) senza lasciare la Terra. Per completare il lavoro di Kirchhoff, tuttavia, mancava un'equazione che descrivesse la forma di questa collina, e una base fisica per questa equazione. Il problema si rivelò estremamente difficile e Kirchhoff, che morì nel 1887, non visse abbastanza a lungo per vederne la soluzione.

Quando morì, Kirchhoff era professore di Fisica all'Università di Berlino. Il suo successore, che fu nominato soltanto nel 1889, era un fisico trentunenne della vecchia scuola, Max Planck. Planck era così conservatore riguardo alla scienza che lo si potrebbe quasi definire un reazionario. Detestava il modo in cui persone come Boltzmann introducevano nella fisica idee basate sulla probabilità e sulla statistica, e non sulla certezza delle equazioni matematiche tradizionali, e non era ancora convinto della realtà degli atomi. Nel 1882 aveva affermato dogmaticamente: «Nonostante il grande successo finora goduto, la teoria atomica finirà per essere abbandonata a favore dell'ipotesi della continuità della materia».[11] Non ammetteva l'idea che la materia potesse esistere in blocchi discreti, con spazi vuoti nel mezzo. Preferiva di gran lunga l'immagine della radiazione elettromagnetica sotto forma di onde regolari e continue, inoltre si aspettava che anche la materia si sarebbe dimostrata regolare e continua, per quanto potessero sembrare corrette la teoria cinetica e le idee di Boltzmann sulla termodinamica.

[10] Un oggetto portato al calore bianco appare bianco perché il picco del suo spettro sta al centro dell'arcobaleno di colori e pertanto irradia tutti i colori, che combinandosi danno luce bianca. Se fosse ancora più caldo, l'oggetto apparirebbe blu, come alcune stelle.

[11] Cit. in Heilbron 1986.

Nel 1887, tuttavia, Joseph John Thomson, che lavorava nel laboratorio Cavendish di Cambridge, mostrò che i flussi di radiazione noti come raggi catodici in realtà sono composti di minuscole particelle dotate di carica elettrica, che di lì a poco furono chiamate «elettroni». Quale che fosse la realtà degli atomi, non si poteva dubitare che la materia contenesse queste minuscole particelle, e a causa della loro carica elettrica sembrava chiaro che dovesse esistere un collegamento tra il comportamento degli elettroni nella materia e il modo in cui la materia irradia luce. In particolare, le equazioni di Maxwell rivelarono ai fisici che una particella carica che vibra avanti e indietro (un oscillatore elettrico) deve irradiare onde elettromagnetiche.

Alla fine dell'Ottocento, tuttavia, il problema di come descrivere matematicamente la radiazione del corpo nero era finito in un vicolo cieco – o meglio in due vicoli ciechi. All'inizio dell'ultimo decennio dell'Ottocento, Wilhelm Wien, un assistente dell'Università di Berlino, aveva formulato una descrizione matematica della radiazione del corpo nero da cui si otteneva un grafico che era in perfetto accordo con una parte dello spettro, il versante della collina corrispondente alle lunghezze d'onda inferiori, ma descriveva in modo del tutto sbagliato la forma della curva per le lunghezze d'onda maggiori. Nel 1900, il fisico inglese lord Rayleigh trovò un'altra equazione, basata su assunti fisici diversi: prevedeva una curva che corrispondeva esattamente a quella del corpo nero sul versante delle lunghezze d'onda maggiori, ma era un disastro per l'altra parte dello spettro.[12] La discrepanza, chiaro segno di un fraintendimento fondamentale della natura della radiazione del corpo nero, era motivo di grande costernazione per i fisici, ma in quello stesso anno, il 1900, Planck, che studiava in maniera approfondita il problema della radiazione del corpo nero dal 1897, ottenne un risultato che sembrò la soluzione dell'enigma.

Nell'ottobre 1900, Planck concepì una formula, un'equazione, che descriveva in maniera precisa tutta la curva del corpo nero, realizzando l'unione tra la legge di Wien e quella di Rayleigh. Era essenzialmente un risultato empirico, ottenuto per tentativi ed er-

[12] L'equazione in seguito fu perfezionata da James Jeans e chiamata «legge di Rayleigh-Jeans».

rori, in cui comparivano due costanti, che divennero note una come «costante di Boltzmann» e l'altra, indicata con *h*, come «costante di Planck». Di solito la costante di Boltzmann compare in collegamento con le proprietà dei gas, ma la nuova costante *h*, a differenza del caso della costante *c* nelle equazioni di Maxwell, non aveva un'interpretazione fisica ovvia. Planck presentò il risultato a una riunione della Società di fisica di Berlino il 14 ottobre, pur essendo ben consapevole di non avere ancora una base fisica per l'equazione che aveva formulato. Continuò a lavorare sodo al problema e prima della fine dell'anno trovò una base fisica per l'equazione. Non lo soddisfaceva del tutto, ma era il meglio che fosse riuscito a fare.

Planck partiva dall'assunto che la radiazione elettromagnetica venisse emessa o assorbita dalla materia a causa della presenza degli elettroni oscillanti all'interno della materia che erano stati scoperti relativamente da poco. Cercando di spiegare la natura della radiazione della cavità studiata da Kirchhoff e da altri, fu obbligato a considerare le pareti della cavità contenente un gran numero di «oscillatori armonici», ciascuno corrispondente a un elettrone oscillante. La radiazione sarebbe stata irradiata e assorbita, di nuovo irradiata e assorbita e poi ancora irradiata e assorbita, e con questo processo iterativo di mescolamento di tutta la radiazione si sarebbe raggiunto uno stato di equilibrio dinamico, associato alla massima quantità di disordine, prima che la radiazione potesse uscire dal forellino.

Sfortunatamente per Planck, questo tipo di equilibrio era descritto dalle leggi della termodinamica – in effetti, è noto come «equilibrio termodinamico» – e per fornirne una descrizione matematica occorrevano alcune tecniche statistiche sviluppate da Boltzmann (è qui che entra in gioco la sua costante). Per sua maggior sfortuna, era impossibile evitare di riconoscere che gli elettroni erano singole particelle, non un continuum, per quanto Planck potesse preferire l'idea che la materia fosse continua. L'unico sistema per tenere conto del loro comportamento collettivo consisteva, ancora una volta, nell'usare le tecniche statistiche sviluppate da Boltzmann e da Maxwell in relazione allo studio del comportamento di grandi numeri di atomi e molecole. In particolare, Planck fu obbligato a usare questi metodi statistici per calcolare la proprietà di un insieme di oscillatori armonici nota come «entropia». È opportuno sviluppare un po' questo concetto, che sarà fondamentale anche per il lavoro di Einstein.

L'entropia è un concetto molto importante nella termodinamica, ma può essere interpretata semplicemente come una misura della quantità di disordine in un sistema. L'entropia di un sistema isolato (cioè di qualunque cosa lasciata a se stessa, senza ricevere apporti di energia dall'esterno) aumenta sempre: un modo scientifico per dire che le cose si consumano. Se costruite una casa e nessuno se ne prende cura per qualche secolo, la casa si sgretolerà; se invece ammucchiate per terra un gran numero di mattoni e lasciate il cumulo a se stesso, i mattoni non si disporranno mai spontaneamente in modo da costruire una casa. Gli esseri umani, e altri esseri viventi, possono contenere per qualche tempo l'aumento di entropia usando l'energia del cibo di cui si nutrono (che in definitiva proviene dal Sole ed è immagazzinata nelle piante), ma a lunghissimo termine ogni cosa si consuma e si esaurisce.

I sistemi disordinati hanno maggiore entropia dei sistemi ordinati. È per questo motivo che un cubetto di ghiaccio in un bicchiere d'acqua si scioglie, attenuando la differenza tra l'acqua e il ghiaccio, e che l'acqua si diffonde «nel modo sbagliato» attraverso una membrana semipermeabile. È il motivo per cui la radiazione all'interno di una cavità di Kirchhoff si mescola completamente. Una scacchiera dipinta a quadretti bianchi e neri è un sistema ordinato con un'entropia relativamente bassa, ma lo stesso pezzo di legno dipinto con le stesse quantità di vernice bianca e di vernice nera, ma mescolate fino a formare un colore grigio uniforme, ha meno ordine e maggiore entropia. Se si versa in un secchio una latta di vernice nera e una di vernice bianca, il risultato non è la vernice nera da una parte e la vernice bianca dall'altra, ma un miscuglio grigio. L'entropia di questo miscuglio è maggiore. In maniera analoga, l'entropia della luce completamente mescolata che emerge dal forellino sotto forma di radiazione della cavità è molto alta. Una delle caratteristiche più importanti dell'approccio statistico alla termodinamica è che è più probabile trovare un sistema in uno stato di alta entropia che in uno stato di bassa entropia.

A Planck va riconosciuto il merito di aver stretto i denti e di aver usato le idee e le tecniche che aborriva per scoprire una base fisica dell'equazione della radiazione del corpo nero. Ciò che scoprì, però, era sorprendente. Secondo questa interpretazione degli eventi, la luce non veniva emessa o assorbita in modo continuo, ma sotto forma di piccoli grumi, che chiamò «quanti». Il 14 dicembre 1900, in un'altra riunione della Società di fisica di Berlino, Planck descrisse il suo nuovo lavoro e disse:

Se si considera *E* come una grandezza illimitatamente divisibile, la ripartizione [di questa energia] tra gli N risonatori è possibile in infiniti modi. Ma noi assumiamo, e questo è il punto essenziale di tutto il calcolo, che *E* consista di un ben determinato numero di p arti uguali finite e ci serviamo a questo scopo della costante della natura $h = 6{,}55 \times 10^{-27}$ erg sec.

Non vi preoccupate delle unità di misura di *h* e fate solo caso a quanto è piccolo il numero: è un numero decimale in cui la prima cifra significativa, il 6, è preceduta da 26 zeri. E le «parti finite» sono uguali soltanto per ciascun colore (per ciascuna lunghezza d'onda) della luce. L'energia di ciascun pacchetto è data dall'equazione $E = h\nu$, dove ν è la frequenza (proporzionale all'inverso della lunghezza d'onda) del particolare colore di luce. Invece di dimostrare la continuità della materia, a quanto pareva Planck aveva scoperto che la radiazione elettromagnetica non era continua! La sua interpretazione dei risultati, tuttavia, non fu questa.

Riconsiderando il passato nel 1931, Planck descrisse la sua scoperta come un «atto di disperazione». Che cos'era l'idea dei quanti di energia?

Un assunto puramente formale a cui non ho dedicato grandi riflessioni, se non perché, in ogni caso e a qualunque costo, dovevo produrre un risultato concreto.[13]

Pensava ancora alla luce come a un'onda continua (dopo tutto, l'esperimento di Young continuava a funzionare!) e considerava i quanti come una sorta di strumento matematico, utile soltanto nel processo statistico di sommare i contributi di tutti gli oscillatori armonici. Nessun altro sapeva che cos'altro avrebbero potuto es-

[13] Intervista cit. in Fölsing 1997.

sere i quanti, ma Einstein, che aveva studiato il lavoro di Kirchhoff quando era all'ETH, sentì parlare del lavoro di Planck mentre insegnava a Winterthur nel 1901 e lo trovò profondamente sconcertante. Ebbe sempre in mente il problema di che cosa fossero in realtà i quanti di Planck mentre sviluppava le proprie capacità statistiche con il lavoro descritto nei suoi primi articoli scientifici. Poiché nessun altro era riuscito a progredire nell'interpretazione dell'equazione di Planck (in effetti, per la maggior parte i fisici erano così sconcertati da non tentare neanche di spiegarla), all'inizio del 1905, quando ne seppe abbastanza da essere in grado di affrontare il problema nel modo adeguato, Einstein riuscì a riprendere il discorso esattamente al punto in cui l'aveva lasciato Planck.

Il primo grande articolo che Einstein scrisse nel 1905 (lo terminò il 17 marzo) viene chiamato spesso l'«articolo sull'effetto fotoelettrico», non da ultimo perché, quando Einstein alla fine vinse il premio Nobel, la motivazione si concentrava su quell'aspetto del suo lavoro. La sezione sull'effetto fotoelettrico, tuttavia, era soltanto una parte relativamente piccola dell'articolo, uno dei molti esempi usati da Einstein per illustrare l'importanza del concetto di quanti di luce. Ciononostante, era una parte molto importante dell'articolo, e anche quelle erano idee su cui rifletteva dal 1901.

Tutto ebbe inizio, come accennato in precedenza, con il lavoro di Philipp von Lenard, un fisico tedesco che a partire dal 1889 condusse una serie di esperimenti per indagare attraverso quale processo una superficie metallica nel vuoto illuminata da luce ultravioletta emette elettroni (all'epoca ancora conosciuti come raggi catodici: ricordo che gli elettroni furono identificati come particelle solo nel 1897!). Possiamo capire l'impatto immediato che il lavoro di Lenard (su cui torneremo tra breve) ebbe su Einstein quando ne venne a conoscenza, all'incirca nel 1901, dall'inizio di una lettera che scrisse a Mileva alla fine di maggio di quell'anno:

> Ho appena letto uno stupendo studio di Lenard sulla generazione di raggi catodici dalla luce ultravioletta. Sotto l'aura di questo ottimo scritto mi sento colmo di una tale felicità e gioia che devo assolutamente spartirne un poco con te.[14]

[14] Einstein e Marič 1992.

L'aspetto particolarmente interessante di questa lettera è che è la prima scritta a Mileva dopo che lei lo aveva informato di essere incinta; solo più avanti Einstein si decide a parlarle della sua reazione alla notizia. Quali fossero le sue priorità è evidente. Il punto importante per quanto riguarda la genesi dell'articolo «molto rivoluzionario» sui quanti di luce, tuttavia, è che la sua mente non lo partorì già sviluppato all'inizio del 1905, ma era un progetto a cui lavorava, di tanto in tanto, da quattro anni. Einstein era un genio, però era un genio metodico e instancabile.

Per certi versi, era anche prudente, come abbiamo visto in relazione alla scelta del titolo dell'articolo sul moto browniano. Pur sapendo che il suo lavoro sui quanti di luce era rivoluzionario, scelse con cura un titolo per l'articolo sull'effetto fotoelettrico che non scoraggiasse immediatamente i lettori degli «Annalen der Physik». Alla fine si decise per *Un punto di vista euristico relativo alla generazione e alla trasformazione della luce*, dando in tal modo l'impressione di non offrire altro che un mezzo matematico utile per effettuare calcoli, non il suggerimento che la luce potesse essere davvero composta da un flusso di particelle. I primi capoversi dell'articolo, tuttavia, fanno subito crollare quell'assunto rassicurante.

Innanzitutto, Einstein chiarisce il dilemma che la fisica si trovava ad affrontare:

> Mentre ... lo stato di un corpo si considera completamente determinato dalla posizione e dalla velocità di un numero finito, anche se grandissimo, di atomi e di elettroni, per la determinazione dello stato elettromagnetico di uno spazio si utilizzano funzioni spaziali continue.

Ciò significa che lo «stato elettromagnetico» non può mai essere descritto da un numero finito di grandezze, per quanto elevato sia questo numero. Einstein spiega poi che l'energia di un corpo ponderabile non può essere suddivisa in un numero arbitrariamente grande di parti arbitrariamente piccole, ma che per contro – in base alle equazioni di Maxwell – l'energia di un raggio luminoso emesso da una sorgente puntiforme diventa indefinitamente sempre più debole via via che si propaga. Questi due concetti di energia entravano necessariamente in conflitto nel caso di un'interazione tra materia e luce, come all'interno della cavità di un «corpo nero», o nell'effetto fotoelettrico.

A questo punto Einstein introduce una questione fondamentale. Riconosce che, ovviamente, tutti gli esperimenti ottici tradizionali (come l'esperimento di Young) producevano risultati in accordo con il modello ondulatorio della luce, però aggiunge: «Si deve tuttavia tener presente che le osservazioni ottiche si riferiscono a valori medi temporali, non già a valori istantanei». In altre parole, la luce poteva veramente essere composta da minuscole particelle, a patto che esse fossero tanto piccole che alla scala degli esperimenti ottici tradizionali in media i loro effetti combinati dessero l'impressione di un continuum regolare. Einstein quindi elenca diversi esperimenti recenti, tra cui gli studi sulla radiazione del corpo nero e il lavoro di Lenard sull'effetto fotoelettrico, che erano in disaccordo con la teoria ondulatoria classica della luce, e avverte il lettore di ciò che lo aspetta:

> Secondo l'ipotesi che sarà qui considerata, quando un raggio luminoso uscente da un punto si propaga, l'energia non si distribuisce in modo continuo in uno spazio via via più grande; essa consiste invece in un numero finito di quanti di energia, localizzati in punti dello spazio, i quali si muovono senza dividersi e possono essere assorbiti o generati solo nella loro interezza.

In altre parole, se possedessimo occhi infinitamente sensibili e guardassimo verso una sorgente di luce da molto lontano, non vedremmo un generale bagliore debole e continuo, ma singoli lampi di luce, tra spazi di oscurità totale, corrispondenti ai singoli quanti che raggiungono i nostri occhi.[15]

Se ciò non fosse bastato a invogliare i potenziali lettori a continuare, nulla avrebbe potuto farlo. Senza ulteriori indugi, Einstein si immerge nella parte matematica dell'articolo. Per prima cosa, riconsidera i calcoli di Planck, correggendo alcuni errori presenti nel lavoro di Planck e presentando una nuova derivazione dell'equazione fondamentale, descrivente la curva del corpo nero, in cui compare la costante di Planck. Quindi, in una discussione al cuore dell'articolo che è un vero capolavoro (la parte per cui avrebbe dovuto vincere il Nobel), Einstein mette a confronto l'entropia di un

[15] Tra parentesi, questo è proprio ciò che «vedono» gli astronomi oggi, usando rivelatori sensibili detti «dispositivi ad accoppiamento di carica», quando puntano i telescopi verso gli oggetti più deboli e più distanti dell'Universo. Possono letteralmente osservare l'arrivo dei singoli fotoni, uno dopo l'altro.

dato volume di radiazione monocromatica (un contenitore pieno di luce di un solo colore) con l'entropia di un dato volume di gas. Calcola l'entropia della radiazione di piccola lunghezza d'onda (nella regione in cui si applica la legge di Wien) e l'entropia di un volume equivalente di gas in base alle tecniche sviluppate da Boltzmann, che all'epoca erano le tecniche standard, e ottiene lo stesso risultato. La sua conclusione è la seguente:

> Una radiazione monocromatica di piccola densità (all'interno del dominio di validità della formula della radiazione di Wien) si comporta come se consistesse di quanti di energia, tra loro indipendenti.

Probabilmente questa è la frase scientifica più rivoluzionaria scritta nel Novecento, considerando il successo delle equazioni di Maxwell. Ciò che Einstein afferma è che, per quanto riguarda proprietà termodinamiche come l'entropia, un gas si comporta come se fosse composto da moltissime particelle minuscole (atomi e molecole) e la radiazione elettromagnetica si comporta come se fosse composta da moltissime particelle minuscole («atomi di luce», o fotoni). A questo livello di base, non esiste una differenza fondamentale tra materia e luce, dopo tutto. Vi è anche un altro punto – il più importante di tutti – che può facilmente sfuggire al lettore distratto. Einstein raggiunge questa conclusione senza dover ipotizzare alcunché riguardo all'interazione tra la luce e gli «oscillatori armonici» che sono al centro della trattazione di Planck del problema. Egli afferma esplicitamente che questa granulosità della luce è una proprietà intrinseca della luce stessa, non qualcosa che ha a che fare con il modo in cui la luce interagisce con la materia. Einstein non ha soltanto riprodotto il risultato di Planck, ma ha fatto qualcosa di molto più decisivo di quanto avesse mai fatto Planck.

È solo dopo aver sganciato questa bomba che Einstein considera le conseguenze della sua scoperta in relazione ad altri settori della fisica, soprattutto per l'effetto fotoelettrico. Einstein non concepì l'idea dei quanti di luce partendo dall'effetto fotoelettrico, come immaginano molti, ma usò l'effetto fotoelettrico per dimostrare la potenza di questa idea – che dimostra ancora in modo perfetto la potenza di questo «punto di vista euristico» sulla natura della luce.

Il fatto curioso che era stato scoperto da Lenard, e che tanto aveva colpito Einstein nel 1901, era che l'energia di un elettrone generato dall'effetto fotoelettrico non dipende dall'intensità della luce, bensí dipende dalla sua lunghezza d'onda. L'effetto si presenta soltanto con la luce ultravioletta, che copre lunghezze d'onda ancora inferiori a quelle della luce blu e non è visibile dall'occhio umano; «colore», quindi, non è il termine giusto da usare, ma in un certo senso l'energia degli elettroni prodotti dall'effetto fotoelettrico dipende dal colore della luce che illumina la superficie metallica. Poiché l'energia degli elettroni determina la loro velocità, si può anche dire che la velocità degli elettroni emessi dipende soltanto dal colore della luce che illumina la superficie.

La scoperta di Lenard è controintuitiva, poiché una luce intensa ha maggiore energia di una luce fioca. Ci si aspetterebbe che una luce intensa faccia schizzar via gli elettroni dalla superficie metallica con maggiore energia, facendoli allontanare più velocemente. Lenard, però, non rilevò un tale effetto. Se usava luce ultravioletta di una particolare lunghezza d'onda, gli elettroni emessi avevano sempre la stessa velocità. Se aumentava l'intensità della luce, gli elettroni erano più numerosi, se la diminuiva lo erano di meno, ma in ogni caso la loro velocità non cambiava.

Era un fenomeno impossibile da spiegare sulla base del modello ondulatorio della luce, che però si spiegava in maniera estremamente semplice usando il «principio euristico» di Einstein. Dall'equazione di Planck discende che la radiazione elettromagnetica esiste soltanto in piccoli pacchetti di energia, quanti con energia $E = h\nu$. Per una radiazione di una particolare lunghezza d'onda (o frequenza), ogni quanto ha la stessa energia. Pertanto l'energia può essere trasmessa agli elettroni soltanto in quanti con quel livello di energia. Per citare le parole di Einstein:

> La situazione più semplice si ha se un quanto di luce cede tutta la sua energia a un singolo elettrone.

In questo caso, a patto che ν resti costante, ciascun elettrone riceve la stessa quantità di energia e si allontana dalla superficie metallica con la stessa velocità. Aumentando l'intensità della luce, il numero dei quanti sarebbe più alto, ma ciascuno di essi continuerebbe ad avere la stessa energia $h\nu$, quindi gli elettroni emessi sarebbero più numerosi, ma ciascuno si muoverebbe comunque alla stessa velocità. L'unico modo per far aumentare la velocità degli elettroni consisterebbe nell'usare luce di lunghezza d'onda diversa, con un valore maggiore della frequenza ν (corrispondente a una lunghezza d'onda minore, più verso l'ultravioletto).

Per quanto molto simile alla scoperta di Lenard, non era proprio un risultato identico. Il problema era che gli esperimenti richiesti erano ancora estremamente difficili e Lenard, pur avendo rilevato che usando luce ultravioletta di lunghezze d'onda minori in effetti venivano emessi elettroni con maggiore energia, non era in grado di misurare l'energia con precisione. I risultati non erano abbastanza precisi per stabilire esattamente quanta energia in più ricevevano gli elettroni per un certo cambiamento di lunghezza d'onda. I calcoli di Einstein invece prevedevano una relazione molto precisa, che però era più precisa dei risultati sperimentali. La sua equazione era in accordo con i dati sperimentali, ma dato l'intervallo di incertezza dei dati era plausibile (per quanto improbabile) che un'altra equazione potesse funzionare altrettanto bene. Nel 1905, pertanto, Einstein poteva dire soltanto:

> La nostra impostazione, a quanto mi è dato di vedere, non è in contrasto con le proprietà dell'effetto fotoelettrico osservate da Lenard.

Senza una conferma sperimentale assoluta della validità dei calcoli di Einstein, l'idea dei quanti di luce (in particolare delle «particelle» di luce che in qualche modo erano comunque associate a lunghezze d'onda) era così sconvolgente per i fisici nel 1905 che l'articolo di Einstein fu ampiamente ignorato per anni. L'unico a farne gran caso fu un fisico sperimentale americano, Robert Millikan, che appena lo lesse si infuriò talmente che si propose subito di cercare di dimostrare che Einstein si sbagliava. La scarsa attenzione ricevuta dall'articolo al momento della sua pubblicazione è dimostrata dal fatto che Millikan, che all'epoca già si occupava dell'effetto fotoelettrico e indagava altre proprietà degli elettroni, ne venne a conoscenza solo dopo molti anni.

Nel 1905 Millikan lavorava all'Università di Chicago e aveva trentasette anni, undici più di Einstein e dieci meno di Planck, ma fu solo nel 1912, all'età di quarantaquattro anni, che iniziò con determinazione il tentativo di misurare le proprietà degli elettroni emessi dall'effetto fotoelettrico con una precisione sufficiente a verificare le previsioni di Einstein, fermamente convinto di dimostrare in tal modo che Einstein si sbagliava. In un classico esempio del metodo scientifico in azione, lo scettico Millikan scoprì che la relazione tra l'energia degli elettroni emessi e la lunghezza d'onda della radiazione corrispondente erano in perfetto accordo con le previsioni di Einstein. Ciononostante, sulle prime non riuscì ad accettare il ragionamento alla base delle previsioni di Einstein. All'inizio dell'articolo in cui annunciò i risultati di quattro anni di intenso studio del problema, nel 1916, Millikan scrisse:

> L'equazione di Einstein rappresenta in maniera precisa l'energia dell'emissione di elettroni sotto irraggiamento di luce, [ma] la teoria fisica su cui si basa l'equazione [è] del tutto irragionevole.[16]

Ciò malgrado, ammetteva che i suoi risultati, combinati con l'equazione di Einstein, fornivano «la prova più diretta ed evidente finora ottenuta della realtà della costante *h* di Planck».

Il Comitato per l'assegnazione del premio Nobel non fu meno prudente quando conferì il premio per la Fisica a Einstein nel 1922 (in realtà, si trattava del premio del 1921, rinviato di un anno; Millikan ricevette il Nobel nel 1923). La motivazione ricordava il lavoro svolto da Millikan per dimostrare la correttezza della previsione di Einstein, ma faceva riferimento soltanto alla «scoperta della legge dell'effetto fotoelettrico» (in altre parole, l'equazione verificata da Millikan) ed evitava di citare il modello fisico su cui si basava l'equazione. Il caso volle, però, che solo un anno dopo, nel 1923, nuovi esperimenti relativi all'interazione tra radiazione elettromagnetica ed elettroni dimostrassero finalmente la realtà dei quanti di luce, che poi il chimico americano Gilbert Lewis chiamò «fotoni» nel 1926.

Anche se non è un punto strettamente pertinente alla nostra storia, è divertente considerare come Millikan riscrisse la storia di questi eventi via via che la realtà dei fotoni veniva dimostrata in modo sempre più definitivo. Dopo aver respinto con fermezza nel 1916 la teoria fisica su cui si basava l'equazione, in un articolo pubblicato nel 1949 dalla «Reviews of Modern Physics», Millikan

[16] Millikan 1916.

scrisse: «Ho passato dieci anni della mia vita a verificare quell'equazione di Einstein del 1905 e, contrariamente alle mie aspettative, fui obbligato nel 1917 ad affermarne l'inequivocabile conferma nonostante la sua irragionevolezza». Nel 1951, due anni prima di morire, nella sua autobiografia scrisse:

> Mi pare corretto affermare che la concezione di Einstein dei quanti di luce, che sfrecciano attraverso lo spazio sotto forma di impulsi di luce localizzati o, come li chiamiamo oggi, fotoni, non ebbe praticamente alcun seguace convinto fino all'incirca al 1915, quando infine si trovò una prova sperimentale convincente.[17]

Nessun cenno al fatto che nel 1915 nemmeno lo stesso Millikan si era ancora convinto della realtà dei quanti di luce!

Come si è già accennato, il problema di convincere gli scienziati che i quanti di luce erano reali era dovuto in parte all'enorme successo del modello ondulatorio della luce, in particolare delle equazioni di Maxwell. Alla fine dell'Ottocento, sembrava evidente che le particelle fossero particelle e le onde fossero onde. Quando vennero scoperti i raggi catodici, prima che Thomson ideasse gli esperimenti che dimostrarono che sono particelle nessuno sapeva se fossero onde o particelle. A quel punto divenne possibile etichettarli in modo chiaro e dimenticare la possibilità che fossero onde. Altrettanto naturale era presumere che la luce potesse essere solo una cosa o l'altra. Fu soltanto nel secondo decennio del nuovo secolo che i fisici iniziarono ad accettare la scomoda verità che la luce potesse essere in qualche modo sia un'onda sia una particella e a rendersi conto che le ordinarie regole del buon senso non valgono alla piccolissima scala di entità quali i fotoni e gli elettroni. Come vedremo, anche Einstein ebbe un ruolo fondamentale in queste scoperte.

Il cosiddetto «dualismo onda-particella» sta al cuore della fisica quantistica e oggi è ampiamente dimostrato che, così come la luce (che in precedenza era considerata un'onda) in alcune circostanze si comporta come un flusso di particelle, gli elettroni (o altre entità che in precedenza erano considerate particelle) hanno una natura duale e in alcune circostanze si comportano come onde. È addirit-

[17] Millikan 1951.

tura possibile far interferire tra loro gli elettroni in una variante dell'esperimento di Young.[18] Einstein fu il primo a capire che la luce in alcune circostanze si può comportare come un'onda (come nell'esperimento di Young) e in altre come una particella (come nell'effetto fotoelettrico). La flessibilità di questo approccio gli permise di adottare gli aspetti del modello ondulatorio che funzionavano – in particolare le equazioni di Maxwell – respingendo al contempo il modello ondulatorio in situazioni in cui non si applicava. Con l'articolo sull'effetto fotoelettrico proposto per la pubblicazione a metà marzo del 1905, l'interesse che Einstein nutriva da anni per la luce stava per dare i suoi frutti in un modo ancora più spettacolare, una volta completata la stesura dell'articolo che sarebbe diventato la sua tesi di dottorato e dell'articolo sul moto browniano.

La teoria speciale

L'ultimo dei quattro articoli importanti dell'*annus mirabilis* di Einstein scaturì dalla sua mente fertile subito dopo aver proposto l'articolo sul moto browniano agli «Annalen der Physik». La svolta fu innescata, come ricordò in seguito, da una discussione con il suo vecchio amico Michele Besso, verso la metà di maggio.[19] Dopo un'intensa attività nel corso delle sei settimane successive, l'articolo fondamentale sulla teoria speciale della relatività fu presentato agli «Annalen der Physik» il 30 giugno (dopo che Mileva aveva controllato con cura se ci fossero errori nei calcoli, un compito banale che non le fece nemmeno guadagnare un ringraziamento nell'articolo). La pubblicazione avvenne alla fine di settembre, nella stessa settimana in cui il direttore degli «Annalen» ricevette

[18] È divertente notare che, mentre Thomson ricevette il premio Nobel per aver «dimostrato» che gli elettroni sono particelle, suo figlio George ricevette il premio Nobel per aver «dimostrato» che gli elettroni sono onde. Avevano ragione entrambi.

[19] La genesi della teoria speciale fu descritta da Einstein in una conferenza che tenne in Giappone nel 1922; il testo della conferenza fu pubblicato dalla rivista «Physics Today» nell'agosto 1982.

un secondo articolo sull'argomento, in cui Einstein spiegava la famosa relazione tra massa ed energia.[20]

Per quanto strano ci appaia oggi, questo articolo fondamentale sulla natura dello spazio e del tempo in realtà si intitola *L'elettrodinamica dei corpi in movimento*. Ciò riflette l'importanza della luce – un'entità elettromagnetica – nella teoria di Einstein, ma anche il modo in cui il problema del moto relativo si era sviluppato negli anni novanta dell'Ottocento. Sulla scia del successo delle equazioni di Maxwell, nell'ultimo quarto del XIX secolo i fisici erano convinti che la luce fosse una forma di vibrazione nell'etere e realizzarono vari esperimenti per cercare di misurare il moto della Terra attraverso l'etere. Se la luce viaggia nell'etere a una certa velocità fissa (come sembravano implicare le equazioni di Maxwell) e la Terra si muove nella stessa direzione, in base all'esperienza quotidiana di come si sommano le velocità ci si aspetterebbe che la velocità della luce relativamente alla Terra fosse inferiore alla sua velocità attraverso l'etere. Per contro, se la Terra incontrasse un raggio di luce che viaggia nell'etere, ci si aspetterebbe che la velocità del raggio di luce misurata negli esperimenti fosse uguale alla sua velocità attraverso l'etere più la velocità della Terra attraverso l'etere.

Effettuare queste misurazioni si dimostrò estremamente difficile (soprattutto perché la velocità della luce è molto alta, circa 300 000 chilometri al secondo), ma le previsioni incoraggiarono gli sperimentatori negli ultimi due decenni dell'Ottocento a sviluppare nuove tecniche, abbastanza precise da permettere di misurare gli effetti calcolati. Questi esperimenti, tuttavia, anche quando diventarono tanto sofisticati da tenere conto di cose come il movimento della Terra intorno al Sole e la sua rotazione quotidiana intorno al proprio asse, misuravano sempre lo stesso valore della velocità della luce, che viaggiasse nella stessa direzione della Terra, nella di-

[20] Naturalmente, all'epoca l'articolo sulla «teoria speciale» non era conosciuto con quell'espressione, che Einstein introdusse nel 1915, per distinguerla dalla teoria generale della relatività. Tuttavia userò questa espressione, come ho scelto di fare per l'articolo sul «moto browniano», poiché oggi è quella universalmente usata. Desidero sottolineare che «speciale» in questo contesto significa che la teoria è un «caso speciale» che tratta soltanto di oggetti che viaggiano a velocità costante; la teoria generale comprende anche le accelerazioni. Ribadisco però che a essere speciale o generale è la teoria, non la relatività!

rezione opposta o inclinata di un angolo qualsiasi rispetto alla direzione del movimento della Terra.

Il primo a prendere sul serio questi risultati e a cercare di trovarne una spiegazione (invece di presumere che gli sperimentatori commettessero un errore) fu George FitzGerald, docente di Filosofia naturale e sperimentale al Trinity College di Dublino. Nel 1889, FitzGerald scrisse un articolo, che inviò alla rivista americana «Science», in cui faceva notare che i risultati sperimentali si sarebbero potuti spiegare se l'apparato sperimentale (e ogni altra cosa) si fosse contratto leggermente nella direzione del suo movimento attraverso l'etere. Anche se l'apparato sperimentale in questione è molto più complicato di un regolo, FitzGerald scrisse che, se il regolo si fosse contratto di una quantità minuscola, il tempo impiegato dalla luce per sfrecciare da un'estremità all'altra del regolo sarebbe stato un poco inferiore e lo sperimentatore avrebbe misurato una velocità diversa da quella che avrebbe misurato se il regolo non si fosse contratto. «Articolo», però, forse non è il termine adatto per indicare la breve lettera di FitzGerald, che non conteneva calcoli matematici e consisteva di un solo paragrafo. Era chiaro che per far sì che tutti gli esperimenti misurassero sempre la stessa velocità della luce la contrazione avrebbe dovuto obbedire a una formula matematica precisa, di cui FitzGerald non presentava i dettagli. La formula mostra, per esempio, che per far sì che un regolo lungo un metro si riduca a 99 centimetri (con una riduzione di lunghezza di appena l'1 per cento), dovrebbe viaggiare a una velocità pari a un settimo di quella della luce, 43 000 chilometri al secondo.

FitzGerald non aveva una spiegazione fisica dettagliata del motivo per cui gli oggetti avrebbero dovuto subire una tale contrazione e a Dublino i suoi colleghi risero della sua idea. Benché fosse stato pubblicato su «Science», nessuno prestò attenzione all'articolo.[21] Così, quando il fisico olandese Hendrik Lorentz nel 1892 concepì un'idea simile, insieme all'equazione matematica che descriveva l'effetto di contrazione, non sapeva della somiglianza con

[21] Per la verità, per qualche tempo dopo che il suo articolo era stato pubblicato dall'altra parte dell'Atlantico, lo stesso FitzGerald ignorò che fosse uscito.

un lavoro precedente di FitzGerald, che poi gli fu fatta notare dal fisico inglese Oliver Lodge.

La formula della contrazione prese il nome di «contrazione di Lorentz-FitzGerald», il che sembra un poco ingiusto rispetto all'ordine cronologico e alfabetico. Vi è però una valida ragione per cui la formula divenne nota come «contrazione di Lorentz-FitzGerald» e non come «contrazione di FitzGerald-Lorentz». A differenza di FitzGerald, Lorentz sviluppò l'equazione insieme a una descrizione fisica di ciò che avrebbe potuto far contrarre gli oggetti in movimento.

Nei primi anni novanta dell'Ottocento, Lorentz, che era nato nel 1853, insegnava Fisica teorica all'Università di Leida. Aveva sviluppato una teoria dell'elettrodinamica che già allora aveva chiamato «teoria dell'elettrone» – che peraltro non riguardava, cosa che crea una certa confusione dal nostro punto di vista, le particelle oggi note come elettroni. Lorentz aveva ipotizzato che tutta la materia fosse composta da particelle dotate di carica elettrica, in alcune positiva e in altre negativa, tenute insieme da forze elettromagnetiche. Nel 1892, Lorentz chiamava semplicemente «particelle cariche» queste entità, ma nel 1895 le definiva «ioni».[22] Fu soltanto nel 1899, due anni dopo l'identificazione dei raggi catodici come flussi di particelle di carica negativa, che iniziò a chiamare queste particelle «elettroni». Il nome rimase, anche se la «teoria dell'elettrone» ebbe vita breve.

Lorentz sosteneva, come FitzGerald, che le osservazioni sperimentali della costanza della velocità della luce si sarebbero potute spiegare se gli oggetti in movimento si fossero contratti nella direzione in cui si muovevano e riuscì a trovare la formula giusta per la contrazione. Presupponeva, sempre come FitzGerald, che la causa fosse il movimento dell'oggetto relativamente all'etere, che forniva un riferimento rispetto al quale si poteva, in linea di principio, misurare qualsiasi movimento. Lorentz, però, andò oltre e suggerì che la ragione per cui gli oggetti si contraevano in quel modo fosse un effetto fisico dell'etere sugli oggetti in movimento. Per la precisione, suggerì l'esistenza di una forza elettrica causata dal movi-

[22] Anche in questo caso, intendendo qualcosa di diverso da ciò che significa «ione» per uno scienziato di oggi.

mento che aveva l'effetto di comprimere le particelle cariche di cui era composto l'oggetto. Lorentz sviluppò queste idee molto più di FitzGerald (non da ultimo perché questi morì nel 1901, a soli quarantanove anni) ed elaborò una teoria completa che pubblicò nel 1904 su una rivista olandese, che non aveva un grande pubblico di lettori. Oltre a descrivere la relazione tra la lunghezza di un oggetto e il suo movimento rispetto all'etere, questo lavoro propose l'idea di «tempo relativo» e l'idea di sincronizzare gli orologi usando segnali luminosi – che era anche un elemento fondamentale del lavoro di Einstein, come vedremo.

In tutto ciò Lorentz fu incoraggiato dal matematico francese Henri Poincaré, di un anno più giovane, che diffuse queste idee e iniziò a interessarsi dei fondamenti matematici delle equazioni in questione. In effetti, l'espressione «principio di relatività» comparve per la prima volta in una conferenza tenuta da Poincaré nel 1904 all'Esposizione universale di St. Louis. Poincaré fu anche il primo a usare l'espressione «trasformazioni di Lorentz» per descrivere l'insieme di equazioni derivate da Lorentz nel suo articolo del 1904.

Einstein aveva seguito quanto meno alcuni di questi sviluppi ed era ben consapevole del fatto che nessun esperimento avesse rivelato qualche effetto del movimento della Terra sulla velocità misurata della luce, anche se non sembra che conoscesse a fondo i dettagli di tutti gli esperimenti. In seguito Einstein raccontò di aver trascorso sette anni a scervellarsi sull'elettrodinamica dei corpi in movimento prima della svolta nel 1905, come conferma una lettera che scrisse a Mileva nell'agosto 1899:

> Sono sempre più convinto che l'elettrodinamica dei corpi in movimento, come viene presentata oggi, non corrisponda alla realtà, e che sia possibile presentarla in un modo più semplice. L'introduzione del termine «etere» nelle teorie dell'elettricità ha portato alla concezione di un mezzo di cui può essere descritto il movimento, credo senza che si sia in grado di ascrivergli alcun significato fisico.[23]

È proprio in relazione a questo punto che Einstein avrebbe compiuto un sensazionale passo avanti nel 1905: si sbarazzò dell'etere.

[23] Einstein e Marič 1992.

Ciò che conta, disse, non è il movimento relativo all'etere, ma come due oggetti si muovono l'uno rispetto all'altro, e non esiste un sistema di riferimento in quiete assoluta che permetta di misurare il movimento.

L'articolo su quella che divenne nota come «teoria speciale», o «ristretta», aveva un'altra caratteristica interessante: non conteneva alcun riferimento a lavori precedenti, nemmeno a quello di Lorentz o a qualche esperimento collegato alla velocità della luce. Partendo dai princìpi fondamentali e dalle equazioni di Maxwell, Einstein costruisce una struttura matematica coerente che porta inevitabilmente alle conclusioni sulla natura dello spazio e del tempo. Strutturando il suo articolo in questo modo, Einstein vuole chiaramente dichiarare al mondo di aver trovato una verità fondamentale, assoluta, sulla natura dell'Universo, al livello di verità matematiche fondamentali quali il teorema di Pitagora. Non dipende da esperimenti né da modelli teorici, è parte integrante di come funziona il mondo.[24]

In questo spirito, Einstein parte da due soli fatti riguardanti il mondo – ciò che i matematici chiamerebbero «postulati» o «assiomi» – e costruisce l'intero edificio della sua teoria poggiando su queste basi. Il primo postulato proviene direttamente dall'applicazione pratica dell'elettromagnetismo, il mondo delle dinamo e dei motori elettrici, il settore industriale in cui il padre aveva lavorato a lungo. Il boom di questa industria nell'Ottocento si basava sul lavoro di Michael Faraday, che nel 1831 scoprì che un conduttore, quando si muove in un campo magnetico, è attraversato da una corrente elettrica; o meglio, usando la terminologia moderna, scoprì che in un filo metallico che si muove rispetto a un campo elettrico fluisce una corrente elettrica. Non importa se il magnete è in una posizione fissa nel laboratorio e il filo si muove, o se il filo è fisso nel laboratorio e il magnete si muove. In entrambi i casi, il filo

[24] Poco prima di morire, Einstein disse al suo biografo Carl Seelig che nel 1905 era a conoscenza del lavoro di Lorentz del 1895, ma non di quello successivo né dei contributi di Poincaré. Potrebbe essere un'esagerazione, ma è verosimile che in effetti non avesse letto l'articolo di Lorentz del 1904, poiché a Berna di certo non era facile procurarsi gli Atti dell'Accademia di Amsterdam.

è attraversato da una corrente elettrica. Come scrive Einstein nel primo capoverso dell'articolo sulla teoria ristretta:

> Il fenomeno osservabile dipende, in questo caso, solo dal moto relativo di magnete e conduttore.

In tal modo l'etere non ha più alcun ruolo, poiché il fenomeno osservato non è influenzato dal moto relativo del magnete o del filo rispetto all'etere. Se, per esempio, il filo e il magnete si muovono l'uno accanto all'altro nella stessa direzione (quale che sia!) e alla stessa velocità (quale che sia!), nel filo non c'è corrente.

Si arriva così all'idea di sistema di riferimento. Un sistema di riferimento è il luogo in cui si effettuano le misurazioni, come il laboratorio nell'esempio precedente. Sappiamo che il laboratorio in realtà è trascinato dal movimento della Terra, tuttavia possiamo trattarlo come se fosse in quiete. Tutte le leggi della meccanica (le leggi di Newton) funzionano alla perfezione in laboratorio. Queste stesse leggi valgono anche in un sistema di riferimento che si muove a velocità costante relativamente al laboratorio: per esempio, in un aereo che vola a velocità regolare e costante o, nell'esempio che era sempre il preferito di Einstein, in un treno che viaggia senza scossoni lungo i binari, in linea retta e a una velocità costante. Questi sistemi in cui valgono le leggi di Newton oggi sono chiamati «sistemi inerziali».

Il primo a spiegare più chiaramente la questione, molto prima dell'epoca dei treni e degli aerei, fu Galileo Galilei, nel Seicento; le sue intuizioni fanno parte dei fondamenti dell'opera di Newton. Per quanto riguarda il comportamento fisico della materia e le leggi di Newton, nel 1905 era noto da centinaia di anni che gli oggetti non hanno un comportamento diverso se il sistema di riferimento usato è un laboratorio all'interno di un edificio o un laboratorio che si muove a velocità costante rispetto al primo laboratorio. Newton credeva che esistesse un «criterio assoluto di quiete» nell'Universo grazie al quale si poteva misurare ogni movimento e ciò era in accordo con l'idea di etere. Nessun esperimento riguardante le leggi di Newton, tuttavia, era mai riuscito a rilevare un moto relativo a questo ipotetico sistema in quiete assoluta.

Nel 1905 Einstein si era reso conto che nemmeno gli esperimenti riguardanti le leggi di Maxwell avrebbero mai potuto rilevare un movimento relativo a questo ipotetico sistema in quiete assoluta. L'etere, quindi, non era necessario. Dopo la descrizione di come il moto relativo di un filo e di un magnete genera elettricità, Einstein scrive:

> Esempi come questo, come pure i tentativi falliti di individuare un qualche movimento della Terra relativamente al «mezzo luminifero», suggericono che i fenomeni elettrodinamici, al pari di quelli meccanici, non possiedano proprietà corrispondenti all'idea di quiete assoluta. Essi suggeriscono piuttosto che ... per tutti i sistemi di coordinate per i quali valgono le equazioni della meccanica varranno anche le stesse leggi elettrodinamiche e ottiche.

In questo contesto, «sistema di coordinate» ha lo stesso significato di «sistema di riferimento». Ciò che afferma Einstein è che tutte le leggi della fisica, sia della meccanica sia dell'elettrodinamica, sono identiche in qualunque sistema di riferimento che si muova a velocità costante rispetto a qualsiasi altro sistema di riferimento per cui valgono queste leggi. Non esiste un sistema di riferimento speciale che si possa considerare in quiete in un senso assoluto. Questo era il primo postulato; riecheggiando Poincaré, lo chiamò «principio di relatività».

Il secondo postulato è ancora più semplice e proviene direttamente dalle equazioni di Maxwell:

> supporremo inoltre ... che la luce, nello spazio vuoto, si propaghi sempre con una velocità determinata, *V*, che non dipende dallo stato di moto del corpo che la emette.

Einstein basò questo postulato sulle equazioni di Maxwell, non sugli esperimenti che cercavano di scoprire l'effetto del moto della Terra sulla velocità misurata della luce. Tutto ciò che si poteva dire di questi esperimenti, come aveva capito, era che «non avevano rilevato» un qualche moto della Terra rispetto all'ipotetico etere né misurato alcun cambiamento della velocità della luce. Potevano però esistere effetti troppo piccoli per poter essere misurati dagli sperimentatori. Il postulato, tuttavia, era preciso e inequivocabile, come i risultati che aveva ottenuto da questi due assunti di disarmante semplicità.

L'altro ingrediente fondamentale della teoria ristretta è una conseguenza diretta del secondo postulato. Nel caso di oggetti che si muovono a velocità costante l'uno rispetto all'altro, si può considerare che ciascun oggetto porti con sé il proprio sistema di riferimento (il sistema di coordinate). La teoria di Einstein doveva trattare la relazione tra sistemi di coordinate, orologi e processi elettromagnetici. E il primo passo da compiere per sviluppare questa teoria era spiegare il modo in cui il secondo postulato influenza le nostre idee sul tempo.

Nella vita quotidiana, abbiamo tutti in testa l'idea che il tempo sia lo stesso dappertutto in ogni momento. Ma che cosa significa veramente? Se a Londra un orologio principale invia un segnale temporale via radio a mezzogiorno e io ho un orologio che riceve il segnale radio e si regola automaticamente sulla stessa ora, il mio orologio in realtà sarà di una frazione di secondo in ritardo rispetto all'orologio di Londra, poiché le onde radio, che viaggiano alla velocità della luce, impiegano un certo intervallo di tempo per raggiungere il mio orologio. A patto che io non sposti il mio orologio, e che sappia quanto dista da Londra, posso aggirare il problema facendo in modo che l'orologio si regoli tenendo conto del tempo impiegato dalle onde radio a raggiungerlo. Poiché la luce viaggia a una velocità costante, l'unico modo esatto per calcolare la differenza consiste nell'inviare a Londra un segnale luminoso che si riflette e torna indietro, cronometrare la durata del viaggio e dividere per due. Ma che succede se a studiare questo processo è un osservatore in movimento?

Il primo postulato afferma che questo osservatore possa legittimamente considerare di essere in quiete, con gli orologi che si muovono a una velocità costante. Egli vedrà l'impulso di luce per la sincronizzazione dirigersi verso Londra e tornare indietro, ma il viaggio avrà una lunghezza diversa nel suo sistema di riferimento, poiché tutto il sistema di coordinate in movimento si sarà spostato mentre la luce era in viaggio. L'osservatore «in quiete» e quello «in movimento», pertanto, non sono d'accordo sulla distanza tra l'orologio e Londra e neanche su ciò che significa «nello stesso momento». In altre parole, le misurazioni del tempo e dello spazio sono relative: dipendono da come si muove la persona che le effettua (l'osservatore) rispetto agli oggetti che misura. Va ricordato, inoltre, che il secondo postulato afferma che ciascun osservatore vedrà tutti gli impulsi di luce, che abbiano origine nel proprio sistema di riferimento o nell'altro, viaggiare alla stessa velocità. La ricerca di una formulazione matematica appropriata di tutto ciò portò Einstein a trovare un sistema di equazioni che potesse essere usato per trasformare le misurazioni effettuate da un osservatore nelle misurazioni equivalenti in qualunque altro sistema di coordinate in movimento a velocità costante rispetto a quell'osservatore.[25] Queste trasformazioni delle coordinate sono identiche alle equazioni elaborate da Lorentz l'anno precedente, anche se Einstein nel 1905 non aveva letto l'articolo di Lorentz del 1904. Nell'interpretazione di queste equazioni, tuttavia, vi è una grande differenza.

Lorentz aveva trovato un sistema di equazioni che funzionava, ma si basava esclusivamente sull'esigenza di spiegare il fatto che gli esperimenti non riuscissero a misurare il moto della Terra rispetto all'etere. Egli, tuttavia, continuava a pensare in termini di etere e non vi era un principio fondamentale che sostenesse le sue equazioni. Ricorda un po' il modo in cui Planck formulò un'equazione per la curva del corpo nero che corrispondeva alla curva, ma non si basava su un principio fondamentale. Per contro, come aveva fatto con la radiazione del corpo nero, Einstein partì dai principi fondamentali e dimostrò che il mondo doveva funzionare in accordo con le equazioni.

Il miglior esempio di quanto la sua concezione del mondo fosse diversa persino da quelle di Lorentz e di Poincaré è dato dal fatto che Einstein comprese l'importanza della simmetria in quelle che ancora oggi chiamiamo «trasformazioni di Lorentz». Poincaré aveva notato che le trasformazioni sono simmetriche. Se un osservatore vede un oggetto in movimento contrarsi nella direzione del moto, la simmetria implica che un osservatore posto sull'oggetto in movimento vede il proprio sistema di riferimento perfettamente normale, ma vede contrarsi il primo osservatore e qualunque altra cosa in quel sistema di riferimento. Poincaré la archiviò come una singolare proprietà delle equazioni, senza un significato fisico – non aveva senso per lui ribaltare la sua concezione del mondo e

[25] Non ho lo spazio necessario per esaminare il ragionamento nei dettagli; per comprendere la questione senza difficoltà, cfr. Epstein 1987.

pensare che l'etere sorpassandoci «si contraesse». Invece Einstein, che non aveva bisogno dell'etere, nella simmetria delle trasformazioni vide una verità fondamentale dotata di un profondo significato fisico.

Einstein dimostrò che un osservatore in un dato sistema inerziale percepirebbe gli oggetti in un sistema inerziale diverso contrarsi nella direzione del loro movimento rispetto a se stesso e vedrebbe gli orologi nell'altro sistema inerziale camminare più lentamente degli orologi nel proprio sistema. Un osservatore nell'altro sistema inerziale vedrebbe un'immagine speculare – vedrebbe gli orologi del primo osservatore camminare più lentamente e i regoli e tutti gli altri strumenti del primo osservatore (e di fatto anche l'osservatore stesso) contrarsi. Tutto ciò ora è stato confermato sperimentalmente. Gli effetti sono minimi, a meno che le velocità relative in questione non siano molto vicine alla velocità della luce (è per questo motivo che non li notiamo nella vita di tutti i giorni e il buon senso non ci aiuta a immaginarli), però le particelle vengono regolarmente osservate mentre viaggiano a velocità simili nelle macchine per «frantumare gli atomi», come quelle del CERN di Ginevra e del Fermilab di Chicago. La teoria ristretta è stata dimostrata e confermata moltissime volte. Dalla teoria discende anche un'altra previsione, di cui Einstein non si rese conto nel giugno 1905, ma che capì subito dopo e di cui scrisse in un altro articolo, che era una specie di postilla a quello sulla teoria ristretta. L'aver compreso quella previsione portò Einstein a formulare l'equazione più famosa di tutta la scienza – anche se nell'articolo, purtroppo, non compare nella forma che ci è familiare.

Nell'estate del 1905, in una lettera a Conrad Habicht, Einstein scrisse:

> Mi è venuta in mente anche un'altra conseguenza dell'articolo sull'elettrodinamica. Il principio di relatività, unito alle equazioni di Maxwell, prescrive che la massa sia una misura diretta dell'energia contenuta in un corpo; la luce è portatrice di massa. Nel caso del radio, dovrebbe verificarsi un'apprezzabile riduzione della massa. L'idea è divertente e seducente, ma per quanto ne so il buon Dio potrebbe avermi messo su una strada sbagliata ed essere lì che ride di tutta la faccenda.[26]

[26] Einstein 1987-2006.

Einstein cita il radio perché questo classico elemento radioattivo emette continuamente energia sotto forma di radiazione e calore. L'origine di tale energia era stata un enigma per la scienza sin dalla scoperta del radio da parte di Marie e Pierre Curie negli ultimi anni dell'Ottocento; la scoperta di Einstein implicava che la materia di cui è composto il radio si convertisse lentamente in energia, quindi che il radio perdesse gradualmente massa. In precedenza si era ipotizzato che l'energia elettromagnetica potesse essere associata alla massa e anche che la massa dell'elettrone potesse essere attribuita completamente al suo campo elettromagnetico. Einstein, però, proponeva qualcosa di diverso, ovvero che tutta la materia avesse un suo equivalente di energia, un'energia che in linea di principio avrebbe potuto essere liberata, e ne calcolò un valore preciso.

Il suo breve articolo (in forma stampata era di sole tre pagine) che metteva in rilievo questo punto arrivò agli «Annalen der Physik» il 27 settembre. Fu pubblicato prima della fine dell'anno, ma nel volume successivo a quello contenente i tre grandi articoli sul moto browniano, sui quanti di luce e sulla teoria ristretta (che era il volume XVII, oggi un prezioso oggetto da collezione). Usando ancora la lettera V per indicare la velocità della luce, Einstein concludeva:

> *se un corpo emette un'energia L sotto forma di radiazione, la sua massa diminuisce di* L/V^2. Il fatto che l'energia sottratta al corpo divenga energia di radiazione non è essenziale, e la conclusione che se ne trae è di portata più generale: la massa di un corpo è una misura del suo contenuto di energia; variando l'energia di una quantità L, la massa varia, nello stesso senso, di $L/9 \times 10^{20}$, se l'energia si misura in erg e la massa in grammi.

In quelle unità di misura, la velocità della luce è 3×10^{10} centimetri al secondo (e 9×10^{20} centimetri al secondo è il suo quadrato). Indicando l'energia con E e non con L, la velocità della luce con c e non con V, la massa con m e riscrivendo l'equazione in modo da avere al membro sinistro l'energia e non la massa, l'equazione scoperta da Einstein diventa:

$$E = mc^2$$

L'unica equazione che tutti conoscono.

Come tutti i risultati degli articoli scritti da Einstein nell'*annus mirabilis*, questa previsione in seguito è stata ampiamente confermata dagli esperimenti – non da ultimo dal terrificante «esperimento» della bomba atomica. Oggi è chiaro che la conversione della massa in energia fornisce la fonte di energia che fa brillare il Sole e le stelle ed è quindi la fonte ultima dell'energia da cui dipende la vita sulla Terra. Ciò fa di questo articoletto forse la più importante «postilla» nella storia della scienza.

Come spero di aver chiarito, però, il lavoro prodotto da Einstein nel 1905 era tutto del suo tempo. Le idee statistiche che stavano alla base della tesi di dottorato e del lavoro sul moto browniano erano un passo avanti significativo, ma facevano ancora parte del filone tradizionale dell'indagine sugli atomi e le molecole. L'articolo sui quanti di luce scaturiva dal lavoro di Max Planck e usava anche alcune idee statistiche provenienti dalla termodinamica. Anche l'articolo sulla teoria ristretta – benché straordinariamente diverso per i suoi fondamenti dall'approccio usato da Lorentz e Poincaré – presentava le stesse equazioni di trasformazione ed è verosimile che di lì a poco dalla linea di pensiero introdotta dallo stesso Poincaré sarebbe comunque emerso qualcosa di simile alla teoria ristretta. Ciascun contributo era di per sé qualcosa di cui un fisico all'apice delle sue forze avrebbe potuto essere fiero, considerandolo il massimo successo della sua carriera – persino l'articolo del dottorato, che era relativamente banale, poiché in molti casi per un fisico il dottorato è il massimo successo della sua vita accademica.

A rendere Einstein tanto speciale, e l'*annus mirabilis* tanto miracoloso, fu il fatto che tutti e quattro gli articoli furono scritti dallo stesso giovane – privo di ruolo ufficiale nella vita scientifica – nel tempo libero, mentre continuava a svolgere un incarico impegnativo all'Ufficio brevetti, che richiedeva la sua presenza otto ore al giorno per sei giorni alla settimana; per non parlare dell'inevitabile disturbo causato dal figlio di un anno quando tornava a casa. E in realtà non gli ci volle un anno per tutta questa produzione: anche se senza dubbio furono preceduti da una grande riflessione, i quattro importanti articoli in realtà furono scritti tra marzo e giugno, al ritmo di uno al mese, e l'articolo che riguardava $E = mc^2$ fu completato appena tre mesi più tardi, alla fine di settembre.

Passò un po' di tempo prima che ci si rendesse conto dell'importanza di tutto ciò e della vera genialità di Einstein. Di fatto, Einstein rimase all'Ufficio brevetti (in parte per scelta) per altri quattro anni prima di diventare finalmente professore universitario all'età di trent'anni. Einstein continuò a offrire contributi importanti alla fisica per più di un decennio, un periodo notevolmente lungo per un fisico teorico. Il resto della sua vita, e il suo posto nella storia, fu influenzato dall'esplosione di creatività del 1905; questa però avvenne dieci anni prima che egli producesse qualcosa di veramente speciale (nell'accezione comune del termine!): una teoria che era molto poco del suo tempo e che molto probabilmente non sarebbe emersa per decenni, e forse non nella forma in cui la conosciamo. Ciononostante, la strada percorsa da Einstein per arrivare alla teoria generale fu, come vedremo, tutt'altro che diretta.

3.

Una strada lunga e tortuosa

Il lavoro pubblicato da Einstein nell'*annus mirabilis* non suscitò immediatamente una grande eccitazione nel mondo scientifico, però fu notato e mise Einstein in corrispondenza con una cerchia sempre più ampia di scienziati, molti dei quali si meravigliarono scoprendo che era un giovane funzionario dell'Ufficio brevetti e non un professore dell'Università di Berna. In una lettera a Lenard, nel maggio 1906, Einstein scrisse: «I miei articoli sono assai apprezzati e stanno dando origine a ulteriori ricerche. Di recente il professor Planck [Berlino] mi ha scritto in proposito».[1] L'articolo a cui Planck era particolarmente interessato non era, tuttavia, quello sui quanti di luce, nei cui confronti aveva delle riserve, ma quello sulla relatività ristretta, di cui fu sin dall'inizio un entusiastico paladino.

Einstein continuò a pubblicare, anche se non al ritmo prodigioso e insostenibile del 1905, e il suo primo articolo che sollevò davvero un polverone nella comunità scientifica comparve nel 1907. In questo lavoro, Einstein usò l'idea di quanti di energia, unita al suo approccio statistico ormai ben noto, per spiegare il modo in cui la temperatura di un oggetto aumenta con l'assorbimento di calore. La teoria cinetica spiega qualitativamente che l'aumento di temperatura di un corpo solido che assorbe energia significa che gli atomi e le molecole vibrano in maniera più vigorosa quando il materiale è più caldo. Einstein introdusse l'idea che l'energia che

[1] Cit. in Fölsing 1997.

viene assorbita dai singoli atomi e dalle singole molecole può essere accettata soltanto in quanti dotati di energia $h\nu$. Inoltre, riuscì a spiegare caratteristiche altrimenti sconcertanti del processo e trovò una formula per il calore specifico di un corpo, che è una misura di quanto cresce la sua temperatura quando viene assorbita una certa quantità di calore. Un collega di Planck a Berlino, il professore di Chimica fisica Walther Nernst, riprese l'idea e la incorporò nel suo lavoro sulla termodinamica e sul calore specifico, che negli anni successivi dimostrò come fosse essenziale incorporare le idee quantistiche in qualsiasi interpretazione soddisfacente del comportamento termodinamico degli oggetti solidi.

La geometria della relatività

Il più importante contributo esterno, non solo per divulgare le idee di Einstein ma (alla fine) per plasmare lo sviluppo del lavoro di Einstein, giunse però nel settembre 1908 da Hermann Minkowski, che in precedenza aveva insegnato matematica all'ETH ed era stato uno dei professori di Einstein, ma che ora lavorava all'Università di Göttingen. Minkowski era rimasto affascinato dalla teoria ristretta appena aveva letto l'articolo di Einstein, stupendosi non poco che uno studente che ricordava come un «fannullone» avesse elaborato qualcosa di tanto profondo.[2] Accettò le idee di Einstein senza discutere e si accinse a dar loro una nuova formulazione matematica, più elegante. Minkowski scoprì che tutto ciò che era contenuto nella teoria ristretta poteva essere descritto in termini geometrici, a patto di considerare il tempo come una quarta dimensione, paragonabile alle tre dimensioni spaziali conosciute.

Il modo naturale per riuscire a capirlo consiste nel pensare a qualche esperienza della vita quotidiana in funzione delle coordinate geometriche. Se disegniamo un triangolo su un foglio di carta millimetrata, possiamo specificare completamente il triangolo dando le coordinate dei suoi tre vertici sulla griglia e poi disegnando i segmenti retti che li uniscono. In maniera analoga, se

[2] Così avrebbe commentato con Max Born; cfr., per esempio, Fölsing 1997.

combiniamo di incontrare qualcuno all'angolo, poniamo, tra la Quarta e la Main, specifichiamo un luogo geometrico in funzione di coordinate simili in due dimensioni. Se combiniamo di incontrarci in un bar al secondo piano dell'edificio all'angolo tra la Quarta e la Main, specifichiamo il luogo in tre dimensioni, poiché ora si è aggiunto il piano dell'edificio come coordinata extra. E se diciamo che l'appuntamento è al bar al secondo piano dell'edificio all'angolo tra Quarta e la Main alle tre del pomeriggio, introduciamo una quarta coordinata: il tempo.

Minkowski dimostrò che la matematica che sta dietro a cose come regoli che si contraggono e orologi che camminano lentamente poteva essere incorporata in questo tipo di linguaggio, inserita in un'entità a quattro dimensioni, che divenne nota come spaziotempo. Un punto fondamentale è che ciò significa che esistono proprietà degli oggetti che restano sempre invariate nello spaziotempo anche se appaiono diverse a osservatori inerziali diversi in tre dimensioni. Una bella analogia è quella con la lunghezza dell'ombra di una matita su un muro: ruotando la matita in tre dimensioni si può rendere più corta o più lunga l'ombra bidimensionale, ma la matita ha sempre la stessa lunghezza. In quattro dimensioni, la proprietà equivalente alla lunghezza è detta «estensione» e ruotando gli oggetti in quattro dimensioni possiamo cambiare la lunghezza dell'«ombra» che gettano in tre dimensioni. Il fatto che per un oggetto in movimento il tempo si dilata mentre lo spazio si contrae riflette il fatto che l'estensione quadridimensionale nello spaziotempo resta invariata: in un certo senso, i due effetti si compensano.

Minkowski presentò le sue idee in una conferenza che tenne a Colonia all'inizio di settembre 1908. La relazione iniziò con queste parole:

> Le concezioni dello spazio e del tempo che intendo presentarvi hanno le loro radici nella fisica sperimentale, e qui sta la loro forza. Sono concezioni drastiche: d'ora innanzi lo spazio in sé e il tempo in sé sono condannati a dissolversi in nulla più che ombre, e solo una specie di congiunzione dei due conserverà una realtà indipendente.[3]

[3] Pais 1982.

Minkowski non visse abbastanza per vedere la pubblicazione di queste parole: morì nel gennaio 1909, all'età di soli quarantaquattro anni, per le complicanze di un'appendicite. Non è però una coincidenza se la diffusa accettazione delle idee di Einstein, l'ampio riconoscimento delle sue capacità e l'apertura dell'accesso alla vita accademica arrivarono tutti dopo la riformulazione della teoria ristretta da parte di Minkowski.

Sulle prime, Einstein si mostrò leggermente seccato per come i matematici avevano raccolto la sua palla e se ne erano impossessati. Forse non del tutto seriamente, ma con una vena nascosta di irritazione, si lasciò andare a commenti quali: «Da quando i matematici hanno invaso la teoria della relatività, io stesso non la capisco più» e «Quelli di Göttingen a volte non mi danno l'impressione di voler aiutare a formulare qualcosa in modo chiaro, ma di essere spinti soltanto dal desiderio di mostrare a noi fisici di essere molto più intelligenti di noi».[4] Tuttavia di lì a poco cambiò atteggiamento, dopo aver scoperto che la geometrizzazione di Minkowski della teoria ristretta era uno dei due passi importanti che alla fine lo avrebbero guidato verso il suo più grande trionfo, la teoria generale della relatività. L'altro passo fondamentale fu un'intuizione che ebbe nel 1907, mentre sedeva alla sua scrivania nell'Ufficio brevetti.

A quell'epoca stava lavorando a un articolo sulla teoria ristretta (molti mesi prima della geometrizzazione di Minkowski) da inviare a un annuario scientifico. In una conferenza che tenne in Giappone nel 1922, Einstein disse:

> Stavo seduto in poltrona nell'Ufficio brevetti a Berna quando all'improvviso mi ritrovai a pensare: «Se una persona è in caduta libera, non avverte il proprio peso». Rimasi stupefatto. Questo pensiero, così semplice, mi colpì profondamente, e ne venni sospinto verso una teoria della gravitazione.

Più tardi Einstein lo definì «il pensiero più felice della mia vita».[5] Ma per arrivare alla teoria che derivò da quell'intuizione gli fu necessario quasi un altro decennio di lotta intermittente ma

[4] Clark 1973.

[5] In tedesco, *die glücklische Gedanke*; *glücklische* viene tradizionalmente tradotto con «più felice», ma forse potrebbe essere interpretato come «più fortunato».

spesso intensa, anche con l'aiuto della geometrizzazione di Minkowski della relatività ristretta.

Il motivo per cui quel pensiero improvviso fu tanto importante è che Einstein, appena completò la teoria ristretta, iniziò a cercare di capire come rendere la teoria più generale (di qui il nome) adattandola in modo da trattare non solo il moto a velocità costante, ma anche il moto accelerato. Un oggetto in caduta libera accelera e Einstein intuì che questa accelerazione controbilancia esattamente il peso dell'oggetto. Ribaltando la questione (va ricordato che Einstein si occupò di questo problema prima dell'epoca dei missili spaziali, e anche degli ascensori ad alta velocità), se ci trovassimo su una piattaforma che viene accelerata in linea retta nello spazio, ci sembrerebbe di essere fermi e trattenuti dal nostro stesso peso in un campo gravitazionale. Nel 1907, Einstein si rese conto che l'accelerazione e la gravità sono esattamente equivalenti e quindi che la teoria generale sarebbe stata una teoria della gravità, non solo una teoria del moto. La strada dall'intuizione alla teoria, però, fu lunga e tortuosa e la sua vita personale subì molti cambiamenti lungo il percorso.

Trasferimenti

Il primo cambiamento significativo avvenne quando lasciò l'Ufficio brevetti nel 1909, quattro anni dopo l'*annus mirabilis*. Fino a quel momento la sua vita familiare in realtà non si era modificata di molto. Nel 1906, in virtù del conseguimento del dottorato, era stato promosso tecnico di seconda classe, e il suo stipendio annuale era stato portato a 4500 franchi, ma ciò aveva cambiato ben poco il suo stile di vita frugale. Nel 1908 diventò un *Privatdozent* dell'Università di Berna, una specie di assistente part-time mal retribuito. Di per sé la nomina gli serviva a poco, ma era un passo essenziale per poter arrivare a ottenere un incarico universitario vero e proprio. Curiosamente, però, poco prima Einstein aveva preso in seria considerazione l'idea di insegnare in una scuola, rifiutando il sistema universitario che fino a quel momento lo aveva respinto. «Questa idea deriva soltanto dalla mia grande voglia di poter continuare il mio lavoro scientifico privato in condizioni più agevoli»,[6] scrisse a Marcel Grossmann, e in effetti rispose a un annuncio per un posto di insegnante di matematica in un liceo di Zurigo, accludendo alla richiesta copie di tutti gli articoli scientifici che aveva pubblicato. I membri del consiglio scolastico, perplessi, non inserirono il suo nome nella rosa dei candidati, anche se nella lettera di accompagnamento Einstein aveva precisato che sarebbe stato in grado di insegnare anche fisica. Quanto avrebbe potuto essere diverso lo sviluppo della fisica se i dirigenti scolastici avessero avuto più immaginazione?

Fu solo dopo questo rifiuto che Einstein si mise d'impegno a scrivere la tesi che era richiesta per essere accettato come *Privatdozent* all'Università di Berna. Si trattava semplicemente di un ampliamento del suo lavoro del 1905 sui quanti di luce, e di una pura formalità. Einstein divenne un *Privatdozent*, come previsto, nel febbraio 1908, ma l'irrisoria retribuzione associata all'incarico non bastava a consentirgli di abbandonare l'impiego, quindi si ritrovò con più lavoro e meno tempo per la scienza. Le sue lezioni si svolgevano il martedì e il sabato alle 7 del mattino e all'inizio attrassero tre studenti. Nell'estate del 1909 era rimasto un solo studente e le lezioni furono annullate. Non stupisce che il posto al liceo lo avesse attratto.

Il passo successivo sarebbe stato una cattedra, che gli avrebbe permesso di lasciare finalmente il lavoro all'Ufficio brevetti. Ancor prima di compiere quel passo, nel luglio 1909 Einstein ricevette la sua prima laurea *honoris causa* (dall'Università di Ginevra). Nel frattempo, una lunga campagna promossa dal professore di Fisica di Zurigo Alfred Kleiner aveva convinto quell'Ateneo a istituire una nuova cattedra di Fisica teorica; era una cattedra di grado inferiore rispetto a quella di Kleiner, ma comunque un incarico molto più importante in confronto al ruolo di *Privatdozent*. Kleiner aveva in mente una persona per la nuova cattedra, e non si trattava di Einstein, bensì di un giovane di nome Friedrich Adler, che era stato studente dell'ETH negli stessi anni in cui vi aveva studiato Einstein. Adler però, che era figlio del leader del Partito socialde-

[6] Isaacson 2007.

mocratico austriaco ed era egli stesso politicamente attivo, stabilì di essere più adatto alla filosofia politica che alla fisica. Comunicò la sua decisione a Kleiner nel giugno 1908 e in quella riunione i due conclusero che l'uomo giusto per l'incarico fosse Einstein.

Kleiner fece visita a Einstein a Berna per discutere delle varie possibilità e alla fine di giugno assistette a una lezione di Einstein. Non ne rimase favorevolmente impressionato e a quanto pare sulle prime scartò Einstein per scarse capacità didattiche. Poi però tornò sui suoi passi e concesse a Einstein la possibilità di tenere l'equivalente di un'audizione sotto forma di lezione a Zurigo. Per una volta, Einstein si preparò e presentò la lezione in maniera adeguata. «In quell'occasione – scrisse a un amico – diversamente dal solito ho fatto una buona lezione». Nonostante alcune obiezioni per il fatto che era ebreo, Kleiner fece approvare la nomina nel marzo 1909 e la cattedra fu assegnata a Einstein, che in tutta calma la rifiutò, poiché lo stipendio offerto era inferiore a quello che percepiva all'Ufficio brevetti. A quel punto gli offrirono uno stipendio maggiore e allora Einstein accettò. Lo stipendio era identico a quello di tecnico di seconda classe all'Ufficio brevetti, ma dal momento dell'entrata in servizio nell'autunno del 1909 poté almeno farsi chiamare «*Herr Professor* Einstein». Negli anni che seguirono, Adler perse raramente l'occasione di raccontare di essersi fatto da parte per lasciare il posto a Einstein a Zurigo.

Nel luglio 1909, appena prima di assumere l'incarico, Einstein ricevette il dottorato *honoris causa* dall'Università di Ginevra, nell'ambito delle celebrazioni dell'anniversario della fondazione (avvenuta nel 1559 da parte di Giovanni Calvino) dell'Accademia, divenuta Università nel 1873. Einstein trovò molto divertente il contrasto tra gli insegnamenti di Calvino e i sontuosi festeggiamenti organizzati per il trecentocinquantesimo anniversario. Pur restando indifferente come sempre ai segni esteriori che la società associava al successo, a quel punto entrò definitamente a far parte dell'establishment accademico.

Qualche settimana più tardi, nel settembre 1909, Einstein partecipò a un congresso tenutosi a Salisburgo sui nuovi sviluppi della teoria della relatività e della fisica quantistica. Ebbe così l'opportunità di incontrare luminari quali Max Planck, che fino a quel momento conosceva soltanto attraverso le loro pubblicazioni e lettere. Con grande sorpresa degli organizzatori, Einstein scelse di offrire un contributo sulla teoria quantistica, non sulla relatività, avendo messo temporaneamente da parte la ricerca su quella che sarebbe diventata la teoria generale per concentrarsi sul problema, che giudicava più pressante, di conciliare la descrizione particellare (quantistica) e la descrizione ondulatoria della luce. Oggi quella relazione è riconosciuta come una delle pietre miliari della scienza del Novecento.

La luce – affermò Einstein – ha certe proprietà fondamentali che possono essere comprese più facilmente dal punto di vista della teoria newtoniana dell'emissione che dal punto di vista della teoria ondulatoria. Credo pertanto che la prossima fase dell'evoluzione della fisica teorica ci darà una teoria della luce che potrà essere interpretata come una specie di fusione della teoria ondulatoria e della teoria dell'emissione [particellare].

Era nata l'idea del dualismo onda-particella. Einstein avvertì che ne sarebbe derivato un profondo cambiamento della fisica, capace di minare il concetto classico (cioè newtoniano) di determinismo. Aveva ragione, ma la fisica impiegò vent'anni a mettersi in pari con questa intuizione e ancora oggi alcuni fisici ne discutono le implicazioni. Nel 1909, tutto ciò era troppo per Planck e molti altri fisici presenti, e Einstein, che allora aveva trent'anni, si trasferì a Zurigo per entrare in servizio senza aver convinto molti colleghi. Là tornò a rivolgere l'attenzione alla teoria della relatività, commentando con un amico: «Più la teoria dei quanti ha successo e meno seria appare».

Il trasferimento a Zurigo di Einstein non fu seguito dal suo tentativo di avanzamento accademico in quella sede; segnò invece l'inizio del periodo come professore itinerante, che saltava da un'università all'altra in cerca di sicurezza e (punto più importante) dell'opportunità di lavorare su ciò che voleva come voleva. Segnò anche l'inizio della fine del suo matrimonio; prima di tornare alla fisica, prenderemo brevemente in esame i problemi personali.

All'ombra di un gigante

Il matrimonio di Einstein aveva già mostrato segni di logorio prima del 1909. Non era facile per una donna che un tempo aveva avuto aspirazioni scientifiche, e aveva lottato tanto per ricevere un'istruzione, vivere all'ombra del successo e della fama sempre crescenti di Einstein, per non parlare dei sentimenti associati al fatto di dare alla luce una figlia illegittima e poi doverla abbandonare. Oggi vediamo Einstein come l'icona della scienza del Novecento, un genio quasi unico, ma nel primo decennio di quel secolo Mileva non aveva neanche il conforto di sapere quanto fosse speciale suo marito. Non molto tempo prima erano stati alla pari; ora lui era volato molto più in alto. Deve aver pensato, almeno di tanto in tanto, che se il caso non l'avesse fatta nascere donna avrebbe potuto raggiungere anche lei quel livello. Via via che la fama di Einstein cresceva, Mileva si ritrovava sempre più estromessa dalla sua vita. Quando non lavorava, Einstein parlava di fisica con i suoi nuovi amici, per lo più giovanotti accesi di entusiasmo per la loro disciplina che probabilmente le ricordavano in modo quanto mai doloroso le sue ambizioni scientifiche frustrate. Le cose non andavano così male quando Albert era uno scienziato sconosciuto, ma ora lui le veniva sottratto. Mileva non si era mai aspettata di diventare una casalinga; alcuni indizi fanno pensare che soffrisse di depressione, una malattia che all'epoca veniva trattata in modo ancor meno compassionevole di oggi.

Il ritorno a Zurigo, dove Albert e Mileva si erano conosciuti e innamorati, parve segnare una temporanea rinascita della loro relazione. Dopo neanche un mese Mileva era incinta del secondo figlio maschio, Eduard, che nacque il 28 luglio 1910. Tuttavia, anche se all'inizio il trasferimento a Zurigo dovette sembrare un'opportunità di ritornare sulla scena della loro giovinezza, e forse di ricominciare da capo, non funzionò come lei aveva sperato. Il parto fu difficile per Mileva ed Eduard si rivelò un bambino malaticcio che richiedeva molte attenzioni, mentre il fratellino di sei anni, Hans Albert, non poteva di certo essere ignorato.

Per caso, Einstein aveva affittato un appartamento nello stesso stabile in cui vivevano Friedrich Adler e la moglie, il che aveva offerto alle due coppie l'opportunità di intrecciare una salda amicizia, e a Einstein un interlocutore per verificare le sue idee. In quel periodo tornò a frequentare Marcel Grossmann, ora professore di matematica all'ETH, i cui appunti lo avevano aiutato a superare gli esami. La capacità di fare lezione di Einstein migliorò un poco, ma ciò che lo rendeva caro agli studenti era la mancanza di formalità: permetteva che le lezioni fossero interrotte da domande – all'epoca un atteggiamento quasi senza precedenti nel mondo accademico di lingua tedesca – e invitava gli studenti a raggiungerlo al Café Terasse dopo le lezioni per parlare di fisica e di come cambiare il mondo. Alla nascita di Eduard, Einstein manifestò, a modo suo, un certo istinto paterno. Era un padre affettuoso, addirittura adorante, che giocava con i figli e amava raccontare storie; però, come si è già detto, abbiamo anche molte testimonianze di persone che lo videro far dondolare la culla con una mano mentre con l'altra scriveva equazioni, spingere la carrozzina tenendo un quaderno aperto sulle coperte del piccolo addormentato, o comunque assorbito dai suoi pensieri mentre avrebbe dovuto rivolgere tutta l'attenzione ai bambini.

All'inizio, tutto a Zurigo era sembrato piuttosto stabile, ma nel marzo 1910, appena cinque mesi dopo aver assunto l'incarico e prima che nascesse Eduard, Einstein ricevette l'invito a candidarsi a una cattedra di professore ordinario a Praga. La questione era complicata, poiché ancora una volta la situazione a casa era difficile, con Mileva incinta. Non conosciamo i particolari, ma Einstein fece qualche cupo accenno a queste difficoltà nelle lettere alla madre, che era tornata in Germania e viveva a Berlino. Un trasferimento a Praga – o in qualsiasi altro posto – non sarebbe di certo piaciuto a Mileva, ma i suoi sentimenti avevano chiaramente un'importanza marginale, nella migliore delle ipotesi. Il posto che gli veniva offerto a Praga in apparenza era allettante come avanzamento di carriera: una cattedra di professore ordinario con uno stipendio più alto in un ateneo di lingua tedesca (all'epoca Praga faceva parte dell'Impero austro-ungarico). Vi erano però vari ostacoli da superare. Nel regime austro-ungarico, famoso per la sua burocrazia, Einstein non poteva essere semplicemente reclutato. L'Università doveva presentare una rosa di candidati al Ministero dell'Istruzione a Vienna, che aveva l'ultima parola. Einstein era al primo posto nell'elenco, con una forte raccomandazione proveniente nientemeno che da Max Planck. Al Ministero però l'idea di dare l'incarico a Einstein non andava a genio, non da ultimo perché era ebreo. Offrirono il posto al secondo candidato della lista, un austriaco non ebreo, Gustav Jaumann. Nel frattempo era avvenuto un altro colpo di scena: gli studenti di Zurigo, avendo saputo del possibile trasferimento, avevano organizzato una petizione per chiedere alle autorità di «fare tutto il possibile per trattenere [nella loro università] questo eminente ricercatore e docente». In risposta alla petizione, le autorità aumentarono lo stipendio di Einstein da 4500 a 5500 franchi. Questa era la situazione nell'agosto 1910. Jaumann però, avendo appreso di essere la seconda scelta della facoltà di Praga per la cattedra, rifiutò l'offerta, dichiarando: «Non voglio avere nulla da spartire con un'Università che insegue la modernità e non apprezza il merito». Ormai l'incarico stava per essere affidato a Einstein, ma ci fu un ultimo colpo di scena. Dopo essere stato respinto in quanto ebreo, ora Einstein stava per essere respinto perché non lo era abbastanza. Per la burocrazia austro-ungarica ogni impiegato doveva dichiarare la propria appartenenza religiosa. Era accettata qualsiasi religione. Einstein però, che non era credente, aveva dichiarato nella domanda di non avere un credo religioso. Quando gli fecero notare tale difficoltà, compilò pragmaticamente il modulo ufficiale dichiarando di essere di religione «mosaica». Dovette accettare anche la cittadinanza austro-ungarica, riuscendo però a ottenere il permesso di rimanere anche cittadino svizzero, e quindi gli fu conferita ufficialmente la cattedra, nel gennaio 1911, per assumere le sue funzioni nel marzo seguente. Lo stipendio, corrispondente a 9000 franchi svizzeri, permise alla famiglia di affittare un grande appartamento (dotato di impianto elettrico, una recente innovazione!) e di assumere una domestica fissa.

In movimento

Prima di assumere il nuovo ruolo a Praga, Einstein (insieme a Mileva) aveva fatto visita a Lorentz a Leida. Era il primo incontro tra Einstein e l'uomo che Abraham Pais ha descritto come «l'unica figura paterna nella vita di Einstein». In un saggio scritto nel 1953 in occasione del centenario della nascita di Lorentz, Einstein ammise: «Personalmente, ha significato per me più di chiunque altro abbia incontrato nel corso della vita».[7] Una volta a Praga, Einstein continuò a farsi nuovi amici tra gli scienziati, tra i quali va citato in particolare Paul Ehrenfest, un fisico viennese che condivideva il suo «ateismo ebraico», ma a differenza di Einstein rifiutava il compromesso di fingere un'affiliazione religiosa. All'epoca insegnava a San Pietroburgo, dove erano meno scrupolosi riguardo alla questione; incontrò Einstein in visita a Praga, mentre girava per i centri accademici europei alla ricerca di un incarico che gli fosse più congeniale. Di lì a poco Ehrenfest succedette a Lorentz a Leida, con grande gioia di Einstein. Lorentz restò con un incarico part-time, dando a Einstein un altro motivo per visitare la città olandese, come fece quasi ogni anno mentre insegnava a Berlino, dove completò la teoria generale. Ma il tragitto da Praga a Berlino prevedeva ancora un'altra tappa.

Nel 1911 Praga era lungi dall'essere un posto tranquillo dove dedicarsi alla ricerca. Pur essendo soltanto il 5 per cento all'incirca della popolazione, i cittadini di lingua tedesca dominavano la vita sociale e politica, il che era inevitabilmente motivo di attrito con la maggioranza ceca della popolazione. Un'ulteriore complicazione era data dal fatto che un tedesco su due era ebreo ed era oggetto di vari tipi di pregiudizi, espressi in forma implicita o esplicita. Negli ultimi anni dell'Impero austro-ungarico Praga era una città in cui la minoranza tedesca si considerava socialmente superiore alla maggioranza ceca, i cechi odiavano i tedeschi ed entrambe le comunità detestavano gli ebrei. Una strana donna balcanica di aspetto zingaresco quasi non era degna di considerazione, però se era sposata a un rispettabile professore poteva essere tollerata. In una lettera a Besso, subito dopo il suo arrivo a Praga, Einstein scrisse: «Sono così contento del lavoro e dell'istituto, solo le persone mi sono così estranee».[8]

Come tutto il resto dell'Impero austro-ungarico, negli anni successivi al 1910 Praga era una bomba in procinto di scoppiare. Non facilitava certo la vita il fatto che la città fosse sporca e l'acqua imbevibile: una situazione inadatta a un bambino. In una certa

[7] Einstein 1954.
[8] Einstein 1987-2006.

misura Einstein non era toccato da tutto ciò, in quanto totalmente immerso nel lavoro, ma per Mileva non doveva essere agevole. Detestava Praga, non sopportava di essere esclusa dalle discussioni scientifiche tra Einstein e i suoi colleghi, e quando Einstein intraprese una serie di viaggi scientifici in tutta Europa rimase da sola a rimuginare.

Nel viaggio più importante Einstein si recò a Bruxelles alla fine di ottobre 1911, per partecipare al Congresso Solvay, il primo di una lunga serie di convegni scientifici finanziati da un ricco chimico belga, Ernest Solvay. Il tema del primo Congresso Solvay era «il problema dei quanti» e Einstein presentò una relazione sull'applicazione della fisica quantistica alla teoria del calore specifico. I dettagli non hanno importanza qui, ma la conclusione è emozionante oggi come lo fu allora: «Queste discontinuità, che rendono la teoria di Planck tanto difficile da accettare, sembrano esistere veramente in natura». In altre parole, i quanti sono reali. Ciò sembrava «del tutto incompatibile con le equazioni di Maxwell», come osservò Lorentz al termine della relazione. Rispondendo alle domande dei colleghi, Einstein affermò che doveva senz'altro esistere un modo per conciliare la teoria ondulatoria e la teoria particellare della luce: «Accanto alle indispensabili equazioni di Maxwell, dobbiamo quindi ammettere un'ipotesi quale quella dei quanti».

Oltre a partecipare a convegni di questa importanza, Einstein veniva spesso invitato a tenere conferenze in università europee. Sembra anche che sin dall'inizio avesse considerato il posto di Praga soltanto come un trampolino di lancio per la sua carriera e queste visite gli offrivano un'utile vetrina per esporre i suoi prodotti scientifici. Mileva, sempre più depressa, restava a Praga con i bambini e a quanto pare Einstein era contento di allontanarsi da lei tanto quanto di far circolare le sue idee. È in questa situazione di fondo che a Pasqua del 1912 Einstein, durante una visita a Berlino, approfondì la conoscenza di una cugina, Elsa, che aveva tre anni più di lui.

Elsa Einstein – come si chiamava alla nascita e riprese poi a chiamarsi – era legata ad Albert più di quanto suggerisca la parola «cugina». Era figlia della zia materna di Albert e inoltre suo padre Rudolf Einstein era primo cugino del padre di Albert. Era stata sposata per un breve periodo, aveva due figlie e, benché ormai divorziata, era nota con il cognome del marito, Löwenthal. Da bambini Elsa e Albert avevano giocato insieme e quando erano un po' più grandi una volta erano andati insieme all'opera, ma da allora non si erano più visti. Per molti versi Elsa era l'opposto di Mileva: una donna semplice che amava cucinare e occuparsi della casa e che non voleva altro se non una vita agiata con un uomo che non le facesse mancare nulla. Quanto ad Albert, ormai non inseguiva più la passione (anche se non sembrò mai contrario alle avventure), ma aveva un disperato bisogno di una vita familiare tranquilla, in cui fosse accudito e potesse procedere con il suo lavoro.

Al di là dei dettagli, quella primavera tra loro in qualche modo scoccò una scintilla. Al suo ritorno a Praga, inizialmente Einstein intrecciò una fitta corrispondenza con Elsa. «Devo avere qualcuno da amare, altrimenti la vita è penosa», le scrisse in una lettera, aggiungendo poi: «e questo qualcuno sei tu». Di lì a poco, però, fu assalito dagli scrupoli. In una lettera del maggio 1912 le scrisse: «Non sarebbe un bene per noi due, come per gli altri, se il nostro legame diventasse più stretto. Così ti scrivo oggi per l'ultima volta».

Come accadde spesso nella vita privata di Einstein, al ripensamento era associata una ragione professionale. I suoi tentativi di trovare un posto più congeniale di Praga in cui lavorare sembrarono dare i loro frutti, offrendogli un'altra «ultima occasione» di salvare il suo matrimonio. Da qualche tempo l'Università di Utrecht cercava di reclutarlo, ma Einstein temporeggiava perché era in attesa di un'offerta ancora migliore. Nel giugno 1911 l'ETH di Zurigo era stato elevato al rango di Università a tutti gli effetti e aveva creato nuove cattedre. Ancor prima di trasferirsi a Praga, Einstein aveva promesso che non avrebbe accettato offerte da altre istituzioni senza dare all'ETH la possibilità di trovargli una nicchia. A Zurigo, però, la macchina della burocrazia era terribilmente lenta e ancora una volta certi ambienti esprimevano dubbi sulle sue capacità didattiche. Einstein teneva in sospeso Utrecht nel deliberato tentativo di indurre l'ETH ad agire, arrivando persino a domandare agli olandesi di non annunciare subito che avevano già trovato un altro candidato, Peter Debye. Alla fine, aiutato dalle lettere di raccomandazione di Marie Curie e di Henri Poincaré, Einstein ottenne l'incarico. Tornò a Zurigo, e all'ETH, nel luglio 1912, alla fine dell'anno accademico a Praga. Su una cartolina a un amico, Einstein scrisse: «Grande gioia per noi vecchi e per i due orsacchiotti». Meno gioiosi erano i colleghi dell'Università di Praga, ma non potevano farci nulla.

Il posto all'ETH avrebbe potuto, forse *dovuto*, essere un lavoro per il resto della vita. La famiglia poté permettersi un appartamento di sei locali in una bella zona della città, avevano amici ed erano a proprio agio. Tuttavia Mileva, che avrebbe dovuto trarne i maggiori benefici, iniziò a soffrire di reumatismi, che le rendevano tremendamente difficile uscire di casa d'inverno, e nonostante gli sforzi degli amici per rallegrarla sprofondò sempre di più nella depressione. Einstein non ebbe mai una grande capacità di comprendere le difficoltà degli altri né tanto meno di impegnarsi ad aiutare gli altri a superare i problemi. A quel punto, rientrò in scena Elsa.

Nonostante avesse interrotto la corrispondenza con Elsa, Einstein le aveva premurosamente fatto avere il suo nuovo indirizzo di Zurigo, e nel marzo 1913 Elsa gli spedì un regalo per il suo trentaquattresimo compleanno, con un biglietto in cui gli chiedeva una sua fotografia e gli domandava con falsa ingenuità di consigliarle un buon libro sulla teoria della relatività. Lo scambio di lettere ripartì, più o meno come prima. Fu allora, nel luglio 1913, che due pilastri dell'establishment scientifico tedesco, Max Planck e Walther Nernst, giunsero a Zurigo con la proverbiale offerta che non poteva essere rifiutata.

Il pacchetto messo insieme da Planck e Nernst comprendeva una cattedra creata appositamente per Einstein all'Università di Berlino che non comportava necessariamente obblighi di insegnamento – se così avesse desiderato –, l'ammissione alla prestigiosa Accademia prussiana delle scienze (sarebbe stato il membro più giovane di quell'augusta istituzione), uno stipendio elevato e nessun obbligo amministrativo. Era un'offerta magnifica, tranne che per l'impatto che il trasferimento avrebbe senz'altro avuto su Mileva. A Lorentz Einstein disse: «Non ho potuto resistere alla tentazione di accettare un posto in cui sarò sollevato da ogni responsabilità e quindi potrò dedicarmi completamente alla riflessione». Quella, però, non era l'unica motivazione. In una lettera a Heinrich Zangger resa pubblica soltanto nel 2006, Einstein scrisse che Elsa era stata «la ragione principale del trasferimento a Berlino». Se è vero, Elsa ebbe molte responsabilità, nel bene e nel male.

Poiché Mileva era appena fuggita da Praga per tornare in una nazione e in una città in cui si sentiva a proprio agio, è facile immaginare la sua reazione quando Albert le parlò del posto a Berlino. Fu la goccia che fece traboccare il vaso; nella primavera del 1914 Mileva si recò a Berlino con i bambini per raggiungere il marito, che si era trasferito per primo (anche per stare un po' con Elsa), ma di lì a poco tornò in Svizzera, portando i figli con sé. La rottura finale avvenne il 29 luglio 1914, quando Einstein salutò Mileva e i bambini – che avevano già lasciato il suo appartamento e si erano fermati a Berlino da amici per diverse settimane – in partenza con il treno del mattino per Zurigo. Einstein pianse come un bambino, particolarmente afflitto dalla perdita dei figli.

Einstein abitava quindi in un grande appartamento di Berlino da solo (poco distante, però, vivevano Elsa e la madre) e aveva appena iniziato una nuova vita quando scoppiò la prima guerra mondiale. Ancor prima della fine del 1913, anche per isolarsi dai problemi familiari, aveva messo da parte la teoria dei quanti e aveva ripreso con slancio il tentativo di generalizzare la teoria della relatività. Lavorò tanto intensamente da raggiungere l'obiettivo nel 1915, mentre Elsa pazientava, attendendo fiduciosa che Albert divorziasse da Mileva e la sposasse, e badava a tenergli sotto controllo la vita domestica.

Einstein lavorava in maniera ossessiva, dormiva soltanto quando era esausto, si dimenticava di mangiare e trascurava l'igiene personale. Il risultato fu che nel 1915 completò la teoria generale e la presentò all'Accademia prussiana delle scienze. Un'altra conseguenza, come vedremo, fu un esaurimento, che lo colpì nel 1917, quando probabilmente ebbe salva la vita soltanto grazie alle attenzioni di Elsa.

Primi passi

Dopo aver compreso che «se una persona è in caduta libera, non avverte il proprio peso», per quattro anni Einstein non si sforzò realmente di sviluppare le sue idee sul moto non uniforme e la gravità, anche se era convinto che quell'intuizione gli avrebbe permesso di «estendere o generalizzare il principio di relatività in modo che valesse per sistemi accelerati» e nel farlo si aspettava di «riuscire a risolvere contemporaneamente il problema della gravitazione».[9] I problemi della teoria dei quanti sembravano più urgenti e richiedevano tutta la sua attenzione. Nel 1911, ciononostante, disse all'amico Michele Besso che era stanco della fisica quantistica e intendeva concentrarsi sullo sviluppo della teoria generale del movimento e della gravità. Prima di esaminare come procedette, però, è opportuno spiegare per quale motivo una teoria degli oggetti accelerati è anche una teoria della gravità. La spiegazione è di una semplicità disarmante, anche se nessuno prima di Einstein se n'era mai reso conto.

Einstein era solito descrivere questo scenario per mezzo di un ascensore in caduta libera, adeguato alla tecnologia dell'epoca. Oggi è più sensato parlare del comportamento degli oggetti all'interno di un'astronave senza finestrini. Se i razzi vengono spenti e l'astronave viaggia nello spazio a velocità costante, ogni oggetto all'interno della cabina fluttua, privo di peso. In queste condizioni, un fascio di luce che venga diretto da una parete all'altra della cabina viaggerà in linea retta raggiungendo la parete opposta alla stessa altezza dal pavimento rispetto alla fonte di luce. La scelta più ovvia della fonte di luce da usare sarebbe un laser ed è opportuno ricordare che la fisica dei laser fu un altro degli argomenti che Einstein elaborò, appena completata la teoria generale.

Che cosa succede se i razzi vengono riaccesi e l'astronave accelera?[10] Tutti gli oggetti cadono sul pavimento e gli occupanti hanno esattamente la sensazione di avere un peso. Ma che cosa succede al fascio di luce? Nell'intervallo di tempo che il fascio im-

[9] Isaacson 2007.
[10] Com'è ovvio, sono immaginari razzi silenziosi che non producono vibrazioni!

piega per attraversare la cabina la velocità dell'astronave aumenta, spostando il veicolo un poco più in alto rispetto al fascio di luce, che quindi colpisce la parete opposta un poco più in basso rispetto al caso senza accelerazione. Agli astronauti sembrerà che la luce sia stata deviata. Il punto di cui si rese conto Einstein (senza aver mai visto un'astronave) è che affinché gravità e accelerazione siano equivalenti – come aveva intuito ai tempi dell'Ufficio brevetti – deve accadere la stessa identica cosa se l'astronave è ferma sulla rampa di lancio sulla Terra. In mancanza di finestrini, i membri dell'equipaggio non sarebbero in grado di dire se il loro peso è causato dall'accelerazione o dalla gravità. Però *saprebbero* dire se il fascio di luce ha attraversato la cabina in linea retta. Ragionando sul caso dell'ascensore e non dell'astronave, Einstein capì che la gravità deve far deviare la luce solo tanto da rendere esattamente equivalenti gravità e accelerazione. Questo fu il suo punto di partenza quando tornò a concentrarsi intensamente sulla ricerca di una teoria generale nel 1911, durante il periodo trascorso a Praga.

I primi frutti di questo impegno furono presentati in un articolo pubblicato negli «Annalen der Physik» nel 1911, in cui Einstein calcolò che «un raggio di luce che passasse nelle vicinanze del Sole subirebbe ... una deviazione di 0,83 secondi d'arco».[11] Questo calcolo offriva l'eccitante prospettiva di verificare la teoria. Di solito non possiamo vedere la luce che passa vicino al Sole, perché la luce solare, più intensa, non lo permette. Durante un'eclissi solare, quando la luce del Sole è bloccata dalla Luna, possiamo invece vedere stelle distanti, molto più lontane del Sole, grazie alla luce che sfiora il bordo del Sole mentre viaggia verso di noi (sfiora anche il bordo della Luna, ma la Luna è troppo piccola per produrre un effetto misurabile sulla luce – la massa del Sole è 27 milioni di volte maggiore della massa della Luna). Se i raggi di luce avessero presentato la deviazione prevista da Einstein, sulle lastre fotografiche ottenute durante un'eclissi le stelle in questione sarebbero comparse in posizioni lievemente diverse rispetto a fotografie scattate con il Sole non allineato. A questo proposito, Einstein commentò:

[11] Questo valore in seguito fu modificato in 0,85 secondi d'arco.

«Sarebbe quanto mai auspicabile che del problema si occupassero gli astronomi».

L'invito fu raccolto da Erwin Freundlich, un astronomo dell'Osservatorio universitario di Berlino, che sapeva che il 21 agosto 1914 si sarebbe verificata un'eclissi solare visibile dalla Crimea. Einstein era così entusiasta che si offrì di contribuire a finanziare una spedizione che realizzasse le osservazioni necessarie, anche se alla fine il denaro arrivò dalla Fondazione Krupp. Il momento scelto per la spedizione, tuttavia, si rivelò disastroso. Freundlich e due colleghi partirono per la Crimea il 19 luglio 1914. Il 1° agosto, con una mossa che faceva parte della complicata trama politica che portò alla prima guerra mondiale, la Germania dichiarò guerra alla Russia. I russi fecero prigionieri Freundlich e i suoi colleghi e confiscarono le loro apparecchiature. Naturalmente, in quanto tedeschi dotati di macchine fotografiche e apparecchiature per rilevamenti, furono sospettati di essere spie, ma qualche settimana più tardi ebbero la fortuna di essere rimandati in Germania nell'ambito di uno scambio di prigionieri. Il fallimento della spedizione ebbe però anche una conseguenza positiva, quanto meno in relazione alla teoria generale. Il calcolo di Einstein del 1911 era sbagliato. Se la spedizione avesse avuto successo, avrebbe misurato una deviazione della luce diversa, inferendo un duro colpo al prestigio di Einstein (anche se lui non se ne sarebbe curato) e forse screditando la teoria. Nell'estate del 1914, tuttavia, tra lo scompiglio del suo trasferimento a Berlino, il fallimento del suo matrimonio e lo scoppio della guerra, Einstein nelle sue riflessioni seguiva già altre direttrici.

Tutti sanno che la luce viaggia in linea retta: com'era allora possibile che un raggio di luce cambiasse direzione? Una soluzione si poteva ottenere utilizzando per il problema un tipo diverso di geometria, in cui le rette non sono rette nel senso comune del termine, le parallele possono incontrarsi o divergere e la somma degli angoli di un triangolo non è uguale a 180°. La geometria nota a tutti in cui le linee parallele non si incontrano mai né divergono, la somma degli angoli di un triangolo è uguale a 180° e così via, è la geometria euclidea – così chiamata dal nome dal matematico greco che ne elencò gli assiomi –, che descrive una superficie piana, nel senso comune del termine. È il tipo di geometria che usò Minkowski per la geometrizzazione della teoria ristretta. Le geometrie alternative, chiamate pertanto «geometrie non euclidee», furono molto studiate nell'Ottocento, per lo più come esercizio matematico astratto (anche se la geometria della superficie curva della Terra è proprio una geometria non euclidea). Einstein non ne sapeva granché, sebbene in precedenza si fosse occupato in maniera dilettantesca del lavoro di Poincaré, e ancor meno sapeva come utilizzare le relative equazioni. In effetti, ancora oggi sorprende che Einstein, pur avendo grandi intuizioni sulla natura fisica del mondo, sia sempre stato, come fisico di altissimo livello, piuttosto debole in matematica. Aveva però un vecchio amico che era un mago della matematica, Marcel Grossmann. Una delle prime mosse di Einstein al suo ritorno a Zurigo nel 1912 fu chiedere a Grossmann che lo aiutasse a sviluppare un insieme di equazioni matematiche – ciò che i fisici chiamano una «teoria dei campi» – che gli permettesse di elaborare le leggi che descrivono il funzionamento della gravità, il campo gravitazionale, così come le equazioni di Maxwell descrivono il funzionamento del campo elettromagnetico. Grossmann, che in effetti conosceva la storia della geometria non euclidea, fu ben felice di aiutarlo.

Ciò che Einstein avrebbe dovuto sapere

La prima persona che superò Euclide e si rese conto del significato del proprio lavoro fu il tedesco Carl Friedrich Gauss, che nacque nel 1777 e nel 1797 aveva già completato tutte le proprie grandi scoperte matematiche. Gauss non si preoccupò di pubblicare molte delle sue idee e così la geometria non euclidea fu scoperta in maniera indipendente dal russo Nikolaj Ivanovič Lobačevskij, che fu il primo a pubblicare una descrizione di una geometria siffatta nel 1829, e da János Bolyai, un matematico ungherese. Tutti trovarono essenzialmente lo stesso tipo di «nuova» geometria, adatta a descrivere una superficie iperbolica, che ha la forma di una sella, o di un passo di montagna. Su una tale superficie curva, la somma degli angoli di un triangolo è sempre minore di

180° e per un punto esterno a una retta passano molte altre rette che non incontrano la prima e quindi sono tutte parallele a essa.

Fu però Bernhard Riemann, un allievo di Gauss, a descrivere in maniera esauriente il concetto di geometria non euclidea, negli anni cinquanta dell'Ottocento, e a rendersi conto della possibilità di un'altra variazione sul tema: la geometria della superficie chiusa di una sfera (come la superficie della Terra). Nella geometria sferica, la somma degli angoli di un triangolo è sempre maggiore di 180° e tutte le «linee della longitudine», pur essendo perpendicolari all'equatore e dovendo quindi essere parallele, si incontrano ai poli.

Riemann, che era nato nel 1826, entrò all'Università di Göttingen all'età di vent'anni e all'inizio studiò matematica con Gauss, che compì settant'anni l'anno seguente, nel 1847, quando Riemann si trasferì a Berlino, dove studiò per due anni prima di tornare a Göttingen. Riemann ricevette il dottorato nel 1851 e per un certo periodo lavorò come assistente del fisico Wilhelm Weber, un pioniere dell'elettricità i cui studi contribuirono a stabilire il collegamento tra luce e fenomeni elettrici, preparando il terreno alla teoria dell'elettromagnetismo di Maxwell.

Per un giovane accademico come Riemann, all'epoca il sistema consueto per farsi strada in una università tedesca consisteva nel cercare di ottenere un incarico come *Privatdozent*. Per dimostrare di essere all'altezza dell'incarico, il candidato doveva tenere una lezione di fronte ai docenti dell'università; le regole prescrivevano che il candidato proponesse tre argomenti possibili per la lezione, tra cui i professori avrebbero scelto quello che giudicavano più interessante. Era obbligatorio proporre tre argomenti, però era tradizione che i professori scegliessero il primo o il secondo. Sui primi due argomenti proposti Riemann si era preparato in maniera approfondita, mentre il terzo, che riguardava i concetti alla base della geometria, probabilmente era stato aggiunto all'ultimo momento.

Riemann era senza dubbio interessato alla geometria, ma a quanto pare non si era affatto preparato sull'argomento, non aspettandosi che venisse scelto. Accadde però che Gauss, che a settant'anni era ancora una figura di grande peso nell'Università di Göttingen, giudicò irresistibile proprio quell'argomento, non tenendo conto della consuetudine, e il ventisettenne aspirante *Privatdozent* venne a sapere con suo grande stupore che per superare la prova avrebbe dovuto tenere una lezione sulla geometria.

Forse anche per la tensione di dover presentare una relazione che non aveva preparato e da cui dipendeva la sua carriera, Riemann si ammalò e non poté presentarsi alla data stabilita. Si riprese soltanto a Pasqua del 1854 e poi si preparò in sette settimane, ma a quel punto Gauss chiese un rinvio, per motivi di salute. Alla fine, Riemann tenne la lezione il 10 giugno 1854. Il titolo, che aveva suscitato tanto interesse in Gauss, era *Sulle ipotesi che stanno a fondamento della geometria*.

La lezione – che fu pubblicata soltanto nel 1867, un anno dopo la morte di Riemann – trattava un'enorme quantità di argomenti, tra cui la definizione operativa di ciò che si intendeva per curvatura dello spazio e il modo di misurarla, la prima descrizione della geometria sferica (e anche la congettura che lo spazio in cui viviamo possa essere leggermente curvo, di modo che l'intero Universo sarebbe chiuso, come la superficie di una sfera, ma a tre dimensioni, non due) e infine il punto più importante di tutti, ossia l'estensione della geometria in molte dimensioni con l'aiuto dell'algebra. Cosa fondamentale, Riemann fornì una descrizione matematica della natura di una superficie in cui la geometria varia da un punto all'altro: piana in alcuni punti, iperbolica in altri, sferica nei restanti.

Anche se l'estensione della geometria in molte dimensioni era la caratteristica più importante della lezione, la più sorprendente, a posteriori, era l'ipotesi che lo spazio potesse essere curvo e chiuso come una sfera. Più di mezzo secolo prima che Einstein elaborasse la teoria generale della relatività – e un quarto di secolo prima della nascita di Einstein –, Riemann descrisse la possibilità che l'intero Universo sia contenuto in ciò che oggi chiamiamo «buco nero». Tutti sanno che Einstein fu il primo a descrivere la curvatura dello spazio in questo modo – e tutti si sbagliano.[12]

Naturalmente, Riemann ottenne l'incarico. Gauss morì nel 1855, poco prima di compiere settantotto anni, e meno di un anno dopo la classica esposizione di Riemann delle ipotesi su cui si basa la

[12] Doppiamente, come vedremo.

geometria. Nel 1859, alla morte del successore di Gauss, fu lo stesso Riemann a ottenere quella cattedra, appena quattro anni dopo la snervante esperienza di tenere la lezione da cui era dipeso il conseguimento della nomina come modesto *Privatdozent*.

Riemann morì di tubercolosi all'età di trentanove anni. Se avesse vissuto tanto quanto Gauss, avrebbe visto le sue affascinanti idee matematiche sullo spazio multidimensionale iniziare a trovare applicazioni pratiche nella nuova descrizione di Einstein del movimento degli oggetti. Einstein non fu il primo e neppure il secondo a concepire l'idea che nel nostro Universo lo spazio possa essere curvo, e dovette essere instradato in vari punti del percorso che lo avrebbe portato alla teoria generale da matematici che conoscevano la nuova geometria più di lui. Cronologicamente, nell'intervallo tra il lavoro di Riemann e la nascita di Einstein si inserisce in modo esatto la vita e l'opera del matematico inglese William Clifford, che visse dal 1845 al 1879 e che, come Riemann, morì di tubercolosi. Clifford tradusse il lavoro di Riemann in inglese ed ebbe un ruolo importante nel far conoscere l'idea di spazio curvo e i dettagli della geometria non euclidea al mondo di lingua inglese. Era a conoscenza della possibilità che l'Universo tridimensionale in cui viviamo sia chiuso e finito, così come è chiusa e finita la superficie bidimensionale di una sfera, ma in una geometria di almeno quattro dimensioni. Ciò vorrebbe dire, per esempio, che in un universo chiuso un viaggiatore che si incammini in una direzione qualsiasi e proceda sempre in linea retta finisce per tornare al punto di partenza, proprio come un viaggiatore sulla Terra.

Tuttavia Clifford si rese conto che la curvatura dello spazio avrebbe potuto essere qualcosa di diverso da questo incurvamento graduale che abbraccia l'intero Universo. Nel 1870, presentò alla Società filosofica di Cambridge un articolo in cui descriveva la possibilità di una «variazione nella curvatura dello spazio» da un punto all'altro, facendo notare che: «Piccole porzioni dello spazio sono infatti di natura analoga a piccole colline di una superficie [della Terra] che in media è piana; pertanto in esse le ordinarie leggi della geometria non sono valide». In altre parole, sette anni prima che nascesse Einstein, Clifford considerava la possibilità di deformazioni locali nella struttura dello spazio, anche se non era riuscito a capire da che cosa potessero derivare né quali potessero essere le conseguenze osservabili della loro esistenza; la teoria generale della relatività, come vedremo, in realtà descrive il Sole e le stelle che formano avvallamenti, e non colline, nello spaziotempo, non solo nello spazio.

Clifford fu uno dei molti ricercatori che studiarono la geometria non euclidea nella seconda metà del Novecento – uno dei migliori, però, che concepì alcune delle idee più chiare riguardo a ciò che avrebbe potuto significare per l'Universo reale. Le sue intuizioni erano particolarmente profonde ed è allettante immaginare fino a che punto avrebbe potuto anticipare Einstein se non fosse morto undici giorni prima della nascita di costui. Einstein stava quindi seguendo una tradizione consolidata quando, con l'aiuto di Grossmann, raccolse le fila e completò il suo capolavoro.

Il capolavoro

Nella descrizione della teoria ristretta in termini geometrici, una proprietà fondamentale è la velocità di un oggetto. La velocità è data dalla rapidità del moto e dalla direzione e in fisica le entità associate a una direzione si chiamano «vettori». Nello spaziotempo descritto dalla geometria di Riemann, gli equivalenti dei vettori sono detti «tensori», che sono più complicati perché hanno più componenti di un vettore. È questo a rendere più tediosi i calcoli relativi ai tensori, anche se le regole, una volta note, non sono difficili nel senso di richiedere grandi capacità. La parte che richiede intelligenza è la definizione delle regole.

Le distanze tra punti dello spazio di Riemann si calcolano in funzione di un tipo particolare di tensore, noto come «tensore metrico». Il tensore metrico di uno spaziotempo curvo a quattro dimensioni, di solito denotato da $g_{\mu\nu}$, è stato descritto come un «vettore sotto steroidi» e ha sedici componenti, anche se solo dieci sono completamente indipendenti l'una dall'altra. Nella teoria generale, questa espressione è altrettanto (o più!) importante di quanto lo sia $E = mc^2$ nella teoria ristretta.

Il suo significato essenziale può essere compreso facilmente usando le idee di Minkowski sullo spaziotempo. Quando ho parlato di usare le coordinate per descrivere un triangolo su un foglio di carta millimetrata, ho dato per scontato che avreste pensato a un foglio di carta, una superficie piana. La teoria ristretta di Einstein descrive come si muovono gli oggetti in un cosiddetto «spaziotempo piatto». La teoria generale della relatività di Einstein descrive come si muovono gli oggetti in uno spaziotempo *curvo* – e la curvatura nello spaziotempo è causata dalla presenza di materia. Nel caso di rette tracciate sulla superficie di una sfera, per esempio, la somma degli angoli di un triangolo non è uguale a 180° e rette che partono parallele le une alle altre (come le linee di longitudine che attraversano l'equatore) possono finire per incontrarsi (in questo caso, ai poli).

L'esempio usuale è dato da un foglio di gomma teso, come un tappeto elastico. È piatto e, se vi si fanno rotolare delle biglie, queste viaggiano in linea retta. Ora immaginate di gettare sul tappeto elastico un corpo pesante, come una palla da bowling. L'oggetto crea un avvallamento – curva lo «spaziotempo» – e, se si fanno rotolare delle biglie sulla superficie curva, queste seguiranno percorsi curvi passando accanto alla palla da bowling. Capire che la gravità dipende dalla curvatura dello spaziotempo, determinando il movimento degli oggetti materiali, mentre la presenza di oggetti materiali è ciò che rende curvo lo spaziotempo, fu l'intuizione fondamentale di Einstein, che in seguito la spiegò al figlio Eduard in questo modo: «Quando uno scarafaggio cieco si muove sulla superficie di un ramo incurvato, non vede che il suo percorso è curvo. Io sono stato abbastanza fortunato da notare ciò di cui lo scarafaggio non si accorge».[13] Gli ci vollero però più di tre anni per trasformare questa intuizione in una teoria matematica rigorosa.

L'approccio di Einstein poggiava su due basi. La prima era una base fisica. Einstein sapeva che la sua teoria della gravità doveva riprodurre tutti i risultati della teoria di Newton nel caso di campi gravitazionali deboli, doveva contenere la leggi fondamentali della fisica classica (cioè newtoniana) come la conservazione dell'energia

[13] Calaprice 2010.

e della quantità di moto e in più anche l'idea, la sua grande idea, che gli esperimenti realizzati in laboratorio (o sistema di riferimento) in accelerazione devono produrre gli stessi risultati di un esperimento equivalente condotto in laboratorio in quiete in un campo gravitazionale. La seconda era una base matematica: l'idea di usare la teoria dei tensori per trovare un'equazione (un'equazione di campo, o un insieme di equazioni di campo) che descrivesse la gravità e fosse indipendente da cambiamenti arbitrari dei sistemi di coordinate spaziali e temporali (equivalenti a cambiamenti del meridiano da cui misuriamo la longitudine, da quello di Greenwich a quello di New York, poniamo; quale che sia il meridiano, le distanze tra due punti restano invariate). Una teoria con queste caratteristiche è detta covariante.

I quaderni di appunti di Einstein mostrano che alla fine del 1912, quando viveva ancora a Zurigo, aveva trovato un'equazione di campo che soddisfaceva i requisiti matematici, ma non sembrava produrre gli stessi risultati di Newton per campi deboli. Einstein non fu mai molto bravo in matematica, ma sempre fermamente convinto della validità delle intuizioni fisiche, perciò nei mesi che seguirono si concentrò sull'aspetto fisico del problema, mettendo da parte la matematica. La decisione si rivelò sbagliata: l'equazione che scartò nel 1912 era praticamente la soluzione che cercava.

Partendo dai requisiti fisici, nella primavera del 1913 Einstein e Grossmann produssero un *Abbozzo di una teoria generalizzata della relatività e di una teoria della gravitazione*, oggi noto come *Entwurf* (abbozzo). Il problema era che la teoria non era covariante: osservatori in diversi sistemi di riferimento in accelerazione non avrebbero visto l'Universo nello stesso modo. Per contro, ne discendevano alcune previsioni interessanti. Tra le altre cose, la teoria prevedeva che l'orbita di Mercurio cambiasse nel corso del tempo in maniera regolare. L'osservato «avanzamento del perielio di Mercurio» non era spiegabile in base alla teoria di Newton. L'*Entwurf* prevedeva questo fenomeno, ma Michele Besso dimostrò che l'effetto previsto, pur essendo senza dubbio meglio di niente, era troppo piccolo per spiegare le osservazioni. A posteriori, possiamo vedere che si trattava di un problema analogo a quello presentato dalla previsione della deviazione della luce formulata da Einstein nel 1911: nella direzione giusta, ma troppo piccola. Come si è già detto, se la spedizione di Erwin Freundlich del 1914 non fosse fallita, avrebbe smentito Einstein!

Einstein era alle prese con l'idea dell'*Entwurf* durante i mesi che videro lo sconvolgimento della sua vita familiare e il trasferimento a Berlino nella primavera del 1914. Vivendo da solo (ma vicino a Elsa) in un appartamento di sette stanze, era libero di lavorare a lungo e a orari irregolari, circondato da pile di fogli ma dal minimo indispensabile di mobili, per perfezionare la teoria e cercare di rispondere alle critiche che le erano state mosse. Nella primavera del 1915 non faceva più riferimento nei suoi appunti a «una teoria generalizzata», ma la chiamava «la teoria generale» e in estate spiegò i progressi realizzati fino a quel momento in una serie di conferenze all'Università di Göttingen. Le conferenze ebbero un grande successo e Einstein andò subito d'accordo con il professore di Matematica di quell'Università, il cinquantacinquenne David Hilbert, che abbracciò con entusiasmo le idee di Einstein. O quanto meno una delle basi su cui poggiavano. Essendo un matematico, Hilbert era interessato alla seconda base della teoria, che Einstein stava trascurando da un paio di anni, e si mise immediatamente a cercare l'equazione di campo covariante, senza preoccuparsi troppo dei requisiti fisici. Mentre Hilbert si dedicava a questo problema (progredendo più di quanto ne fosse a conoscenza Einstein all'epoca), Einstein fu infine costretto ad abbandonare l'approccio dell'*Entwurf*.

Nell'ottobre 1915, Einstein finì per convincersi che i problemi legati alla covarianza, all'orbita di Mercurio e alla descrizione dei sistemi in rotazione rendevano inutilizzabile l'*Entwurf*. Per una volta, l'intuizione fisica l'aveva tradito. Tornò ai suoi appunti di Zurigo e riprese l'argomento dei tensori da dove l'aveva lasciato. Un po' come quando capita di risolvere un problema dormendoci sopra, quando riesaminò i calcoli del 1912 vide quasi subito dove si era sbagliato e come fosse possibile, con una modifica relativamente piccola, ottenere equazioni di campo completamente covarianti. Restava comunque da eseguire una gran quantità di calcoli per riuscire a far combaciare tutte le parti. Ciò lo portò a una frenetica mole di lavoro che riuscì a presentare in una serie di conferenze basate su articoli scientifici, mentre stava ancora sviluppando la teoria, nel corso di quattro riunioni settimanali successive dell'Accademia prussiana delle scienze, a partire da giovedì 4 novembre 1915. Quando tenne la prima conferenza, tuttavia, non era ancora riuscito a ottenere le equazioni di campo completamente covarianti; era proprio un lavoro in corso d'opera.

Einstein sapeva che Hilbert stava lavorando al problema, ma non quanti progressi avesse fatto. Gli spedì quindi una copia della conferenza del 4 novembre, domandandogli che cosa pensasse di quel nuovo approccio. La conferenza dell'11 novembre, che ancora non risolveva effettivamente il problema della covarianza, arrivò a Göttingen nello stesso modo. Einstein si allarmò ricevendo una lettera in cui Hilbert lo informava di essere vicino a trovare una soluzione al suo «grande problema» e gli comunicava che se lo avesse potuto raggiungere a Göttingen il martedì seguente, il 16 novembre, sarebbe stato lieto di «esporre nei dettagli la sua teoria». Ricordò persino a Einstein gli orari dei treni da Berlino a Göttingen. Ma alla notizia probabilmente più allarmante era riservato un poscritto: «Per quanto capisco della sua nuova memoria, la soluzione data da lei è completamente diversa dalla mia».

Einstein non aveva la minima intenzione di andare a Göttingen con la sua teoria ancora incompleta e Hilbert forse sul punto di precederlo. Il 15 novembre gli rispose declinando l'invito, lamentando dolori allo stomaco e spossatezza (in effetti si era ammalato, a causa del lavoro eccessivo e della tendenza a non perdere tempo con attività come nutrirsi quando era occupato) e chiedendogli una copia della sua teoria – «per attenuare la mia impazienza», scrisse.

Rituffandosi nei calcoli, Einstein fece una grande scoperta, giusto in tempo per parlarne nella terza conferenza del 18 novembre. Modificando il calcolo dell'orbita di Mercurio con la versione riveduta della sua teoria si otteneva la risposta giusta! La teoria ora prevedeva uno spostamento del perielio di 43 secondi d'arco per secolo, in perfetto accordo con le osservazioni. Einstein era talmente emozionato da avere le palpitazioni, e dovette prendersi una pausa. Ma non era tutto. La stessa versione riveduta della teoria forniva una nuova previsione per la deviazione della luce da parte del Sole, non 0,85 secondi d'arco come aveva calcolato in precedenza, ma esattamente il doppio, 1,7 secondi d'arco. Questo era meno eccitante, poiché per verificare la previsione era necessario attendere la successiva eclissi solare propizia alle osservazioni, lontana più di tre anni. In ogni caso, entrambi i risultati furono inseriti nella conferenza del 18 novembre.

L'eccitazione di quel giorno fu in parte smorzata dall'arrivo di una lettera di Hilbert contenente una copia del suo lavoro, il quale, nonostante la smentita della lettera precedente, in realtà era molto simile a quello di Einstein. Einstein gli rispose (prima di tenere la conferenza!) con una lettera scritta con cura, chiaramente intesa a stabilire la propria priorità in materia:

> Il sistema che lei propone si accorda esattamente, per quanto posso capire, con ciò a cui sono pervenuto nelle ultime settimane e che ho presentato all'Accademia ... Tre anni fa con il mio amico Grossmann avevo già preso in considerazione le uniche equazioni covarianti che, come ora si è dimostrato, sono quelle giuste. Ce ne eravamo allontanati, con riluttanza, poiché mi sembrava che la discussione fisica portasse a un'incongruenza con la legge di Newton. Oggi presenterò all'Accademia una memoria in cui deduco in termini quantitativi dalla relatività generale, senza alcuna ipotesi-guida, il moto del perielio di Mercurio. Finora nessuna teoria gravitazionale aveva ottenuto questo risultato.

Hilbert gli rispose a giro di posta, congratulandosi con lui, però spedì anche, il 20 novembre, la sua versione del lavoro a una rivista scientifica che aveva sede a Göttingen, sottoponendola per la pubblicazione. Non sapremo mai con certezza quanto – o quanto poco – Einstein fu influenzato dal lavoro di Hilbert, ma il 25 novembre 1915, nella sua quarta conferenza all'Accademia prussiana delle scienze, intitolata *Le equazioni di campo della gravitazione*, Einstein presentò le equazioni di campo covarianti che sono la base della teoria generale, equazioni che nella teoria generale sono importanti come lo è $E = mc^2$ nella teoria ristretta. La teoria generale della relatività era sostanzialmente completa.[14] Era tutta opera sua? I dati dicono di sì, anche se per un soffio non arrivò per primo Hilbert.

[14] Le relazioni presentate all'Accademia furono pubblicate singolarmente via via che le conferenze venivano tenute, ma l'articolo formale definitivo che le riuniva tutte, *I fondamenti della teoria della relatività generale*, comparve nel 1916 nel vol. XLIX degli «Annalen der Physik».

È vero che l'articolo pubblicato da Hilbert portava la data del 20 novembre, cinque giorni prima della quarta conferenza di Einstein, tuttavia si sono conservate alcune pagine delle bozze che dimostrano che Hilbert apportò delle correzioni all'articolo prima di restituirle alla rivista il 16 dicembre. Le correzioni erano necessarie perché le equazioni originarie non erano completamente covarianti, e a quanto pare furono apportate alla luce di ciò che disse Einstein il 25 novembre. In altre parole, Hilbert corresse il suo lavoro per adeguarsi a Einstein, non viceversa. Come disse lo stesso Hilbert presentandole, le equazioni erano state «introdotte per la prima volta da Einstein». Inoltre, com'è ovvio, la teoria a cui lavorò Hilbert era la teoria di Einstein, come riconobbe sempre Hilbert. Einstein spedì ai colleghi copie stampate delle sue quattro conferenze (la pubblicazione completa avvenne nel 1916), descrivendone il contenuto come «la scoperta più preziosa» della sua vita. Aveva ragione. All'età di trentasei anni aveva modificato la nostra concezione dell'Universo più profondamente di chiunque altro tranne Newton. Per spiegare perché, descriverò l'eredità della teoria generale, per poi tornare alla vita e alle opere successive di Einstein.

4.

L'eredità

Il primo che prestò grande attenzione alla teoria generale di Einstein – a parte quanti ne avevano discusso con lui – fu Karl Schwarzschild, che aveva diretto l'Osservatorio di Potsdam e all'epoca prestava servizio nell'esercito tedesco sul fronte orientale, effettuando i calcoli della traiettoria dei proiettili d'artiglieria. All'inizio del 1916, Schwarzschild non solo aveva ricevuto copie delle relazioni presentate da Einstein all'Accademia prussiana delle scienze, ma aveva trovato una soluzione esatta delle equazioni e l'aveva spedita a Einstein, che la presentò alla riunione successiva dell'Accademia, il 16 gennaio.

Il passo avanti compiuto da Schwarzschild era un risultato più importante di quanto potrebbe sembrare a chi non sia un matematico. Einstein aveva trovato una descrizione della gravità in funzione di un insieme di dieci equazioni differenziali alle derivate parziali non lineari accoppiate (la versione completa di $g_{\mu\nu}$), che a prima vista erano molto difficili da risolvere completamente. Un conto era applicarle per risolvere un problema specifico, come il calcolo dell'orbita di Mercurio, ma tutt'altro conto era ottenere una soluzione esatta che descrivesse il comportamento completo dello spaziotempo nelle vicinanze di una massa. Eppure questo era proprio il risultato ottenuto da Schwarzschild, che innanzitutto risolse le equazioni fornendo una descrizione del comportamento dello spazio in ogni punto esterno a una massa sferica non in rotazione, come una stella; poi, in una seconda relazione inviata a Einstein, formulò una descrizione di ciò che accade all'interno di un tale oggetto. Entrambi i risultati implicavano la possibilità dell'esistenza di ciò che oggi chiamiamo «buchi neri».

Buchi neri e distorsioni temporali

La soluzione di Schwarzschild delle equazioni di Einstein (oggi nota semplicemente come soluzione di Schwarzschild) implicava che la concentrazione di una massa qualsiasi in un volume sufficientemente piccolo avrebbe avuto due conseguenze: lo spazio intorno all'oggetto si sarebbe ripiegato su se stesso di modo che sarebbe stato isolato dal mondo esterno e nulla sarebbe potuto uscirne (neanche la luce, motivo per cui in seguito venne introdotta l'espressione «buco nero»), e la materia all'interno di questo «raggio di Schwarzschild» sarebbe collassata in un unico punto, una singolarità. La comparsa di una singolarità in una teoria di solito è segno che vi è qualcosa di sbagliato, che le equazioni che si stanno applicando non funzionano in tali condizioni estreme. Lo stesso Einstein non credette mai che le singolarità di Schwarzschild potessero esistere nel mondo reale e nemmeno che gli oggetti reali potessero concentrarsi in un volume di raggio pari al raggio di Schwarzschild appropriato. Tuttavia le equazioni implicavano che se il Sole si fosse concentrato in un volume di raggio pari a 2,9 chilometri e la Terra si fosse ridotta alle dimensioni di un grande fagiolo, con un raggio di 0,88 centimetri, entrambi sarebbero diventati buchi neri. Quanto maggiore è la massa in questione, tanto maggiore è il raggio di Schwarzschild e tanto più facile sarebbe la creazione di un buco nero.

Passarono decenni prima che si iniziasse a prendere sul serio queste idee e a considerare che si potessero applicare agli oggetti reali dell'Universo. Schwarzschild, che contrasse una rara malattia cutanea e morì l'11 maggio 1916, non seppe mai a che cosa avesse dato inizio. Il primo indizio del fatto che il collasso di oggetti del mondo reale avrebbe potuto concentrarli in un volume di raggio quanto meno vicino al raggio di Schwarzschild emerse quando Subrahmanyan Chandrasekhar, un fisico indiano che viveva in Inghilterra, utilizzò l'allora nuova interpretazione della meccanica quantistica per calcolare il destino di una stella che abbia esaurito il combustibile nucleare e non possa più generare calore al suo interno per fornire la pressione necessaria per resistere all'azione della gravità. All'epoca si pensava che una stella alla fine della sua vita sarebbe diventata un oggetto solido con gli atomi strettamente addossati gli uni agli altri, grande più o meno come la Terra, ma con una massa pari a quella del Sole. Agli inizi del 1930, tuttavia, Chandrasekhar dimostrò che se una tale stella, una nana bianca, ha una massa 1,5 volte superiore a quella del Sole, allora gli atomi stessi si frantumano e la stella collassa ancora di più. Le sue idee non erano accettate da tutti all'epoca, ma in Russia Lev Landau avanzò l'ipotesi che in queste condizioni estreme gli elettroni e i protoni si sarebbero fusi generando neutroni e la stella (o almeno il suo nucleo) sarebbe diventata una palla di neutroni come un enorme nucleo atomico. Era nato il concetto di stella di neutroni, contenente una massa pari all'incirca a quella del Sole in un volume più o meno equivalente a quello del monte Everest. Come si scoprì in seguito, tuttavia, nemmeno questa era l'ultima parola. Nel 1938 Robert Oppenheimer e George Volkoff, negli Stati Uniti, scoprirono che una stella di neutroni non può resistere alla gravità se la sua massa supera un certo valore, oggi noto come «limite di Oppenheimer-Volkoff», che corrisponde all'incirca a tre volte la massa del Sole. Nel caso di masse superiori, come scrissero i due fisici in un articolo pubblicato nel 1939, «la stella continua a contrarsi indefinitamente, senza mai raggiungere l'equilibrio».

Oppenheimer ne discusse le implicazioni in un altro articolo, pubblicato più tardi nello stesso anno:

> Quando tutte le fonti di energia termonucleare sono esaurite, una stella dotata di massa sufficiente collassa su se stessa. A meno che la fissione dovuta alla rotazione, la radiazione della massa, o l'espulsione di massa per radiazione, non riducano la massa della stella all'ordine di quella del Sole, questa contrazione continuerà indefinitamente ... il raggio della stella si avvicina asintoticamente al suo raggio gravitazionale ... La durata complessiva del collasso per un osservatore che si muova insieme alla materia stellare è ... dell'ordine di un giorno.[1]

[1] Oppenheimer e Snyder 1939.

In altre parole, la stella collassa in un buco nero nel giro di qualche ora.

Allora, tuttavia, quasi nessuno credeva che le stelle di neutroni, per non parlare dei buchi neri, esistessero realmente. Esisterà senz'altro una legge di natura che impedisce una tale assurdità, pensavano. La situazione cambiò nel 1967, quando la scoperta delle pulsar obbligò a riconsiderare la questione. Come si scoprì, l'unica spiegazione possibile di queste radiosorgenti che emettono impulsi a intervalli rapidi e regolari è che siano stelle di neutroni, che ruotano a grandi velocità ed emettono fasci di rumore radio, come il fascio di luce emesso da un faro. Gli astronomi si resero conto che, se le stelle di neutroni erano reali, potevano esserlo anche i buchi neri. Non è una coincidenza che la rinascita dell'interesse per i buchi neri – nome coniato da John Wheeler nel dicembre 1967 – sia iniziata subito dopo la scoperta delle pulsar. Oggi è ormai del tutto evidente, in particolare grazie alle osservazioni che usano telescopi a raggi X in orbita intorno alla Terra, non solo che i buchi neri sono reali, ma che sono tutt'altro che rari. Si sono scoperti buchi neri di massa stellare che orbitano attorno a stelle ordinarie, la cui presenza è rivelata dall'energia irradiata dalla materia che cade al loro interno, e si sono identificati buchi neri supermassivi, dotati di una massa pari a un milione di volte la massa del Sole e grandi come il sistema solare, grazie a emissioni di energia simili (ma più grandi) al cuore di varie galassie, compresa la Via Lattea. Forse Einstein si sarebbe meravigliato di tutto ciò. O forse no, considerando alcune sue idee su ciò che accade nello spazio e nel tempo quando la materia li distorce.

Che cosa avviene all'interno di un buco nero? La risposta concisa è: nessuno lo sa. Le equazioni, però, forniscono qualche indizio. Una caratteristica fondamentale di queste equazioni è che permettono di definire un tipo di intervallo nello spaziotempo che è identico per tutti gli osservatori, comunque si muovano. In termini fisici, il movimento relativo può far dilatare il tempo e contrarre lo spazio, lasciando invariata una specie di media dei due, che viene detta «metrica». In spazitempi curvi di tipo diverso si applicano metriche diverse e la descrizione di un buco nero formulata da Schwarzschild è chiamata «metrica di Schwarzschild». Già nel 1916, il fisico austriaco Ludwig Flamm aveva notato che la soluzione di Schwarzschild delle equazioni di Einstein in realtà non descrive un buco nero (usando il linguaggio moderno), bensì due, collegati da una specie di tunnel, che in seguito è stato chiamato *wormhole*. Tale osservazione portò i fisici a formulare alcune congetture interessanti. Se un elettrone, o qualche altra particella, esistesse letteralmente in un punto dello spazio, lo spaziotempo circostante sarebbe descritto dalla metrica di Schwarzschild. È possibile, si domandarono i fisici, che le particelle come gli elettroni in realtà esistano a coppie, forse molto lontane nello spazio, ma collegate da *wormholes*? L'idea era affascinante perché suggeriva la possibilità di fornire una descrizione completa delle particelle – della materia – in funzione dello spaziotempo curvo; tuttavia si rivelò essere un vicolo cieco.[2] D'altra parte, portò Einstein a indagare, insieme a Nathan Rosen a Princeton a metà degli anni trenta, la descrizione matematica di versioni più generali di questi *wormholes*, note ai relativisti come «ponti di Einstein-Rosen».

Un ponte di Einstein-Rosen è una specie di cunicolo attraverso lo spaziotempo, che collega due regioni piatte dello spazio che possono essere molto distanti, anche situate a estremi opposti dell'Universo. Se esistesse un oggetto del genere – un'ipotesi poco probabile – e se le sue entrate fossero abbastanza grandi, ci si potrebbe infilare in un'estremità del *wormhole* e uscire dall'altra. L'idea è alla base di molti racconti di fantascienza, quindi *Star Trek* è parte dell'eredità di Einstein. La scarsa probabilità dell'ipotesi è legata al fatto che, anche se un tale oggetto si formasse, collasserebbe in un tempo inferiore a quello necessario per attraversarlo. L'idea tuttavia fu ripresa, cinquant'anni dopo, quando i teorici si resero conto di qualcosa che avrebbe dovuto essere evidente sin dal principio: un tunnel attraverso lo spaziotempo può portare in un luogo diverso *oppure* in un tempo diverso (o entrambe le cose!). Le equazioni indicavano che un ponte di Einstein-Rosen, se si riuscisse a tenerlo aperto, funzionerebbe come una macchina del tempo. Le difficoltà di ordine pratico sono immense.[3] La conclusione è comunque che in base alle equazioni di Einstein, che sono la miglior

[2] Esiste però un equivalente moderno, la teoria delle stringhe.
[3] Cfr. Gribbin e Gribbin 2008.

descrizione disponibile dell'Universo in generale, i viaggi nel tempo non sono impossibili, ma soltanto difficilissimi. È possibile che Einstein si sbagliasse? Va detto che finora la teoria generale della relatività ha superato brillantemente ogni verifica, l'ultima volta nel 2013.

Oltre ogni ragionevole dubbio

La più famosa conferma della teoria generale avvenne nel 1919, quando si osservò l'effetto di deflessione della luce durante un'eclissi solare. Essendo stato un evento fondamentale della vita di Einstein, tuttavia, sarà esaminato nel capitolo seguente. La spiegazione dello spostamento del perielio di Mercurio fu un'altra dimostrazione contemporanea del fatto che Einstein aveva ragione. Le prove più eclatanti dell'esattezza della sua teoria fanno però parte della sua eredità, poiché sono state ottenute dopo la sua morte.

Due tipi collegati di verifica della teoria generale dipendono da un fenomeno noto come «*redshift* [spostamento verso il rosso] gravitazionale». Per capire come si produce questo fenomeno, torniamo all'immagine dell'ascensore in caduta libera che deriva da un pensiero di Einstein che abbiamo già considerato («se una persona è in caduta libera, non avverte il proprio peso»). Se gravità e accelerazione sono equivalenti, tutto ciò che accade all'interno dell'ascensore deve apparire identico agli osservatori situati all'interno e all'esterno dell'ascensore. Nella cabina, un laser posto sul pavimento emette un impulso di luce che procede in verticale verso il soffitto. Mentre la luce viaggia, un osservatore nella cabina ne misura la lunghezza d'onda. L'ascensore e tutto ciò che vi è contenuto sono in caduta libera, quindi l'onda luminosa viaggia alla velocità della luce con una lunghezza d'onda costante. Se però l'impulso di luce viene osservato attraverso un finestrino da qualcuno all'esterno, fermo sulla superficie della Terra, a causa del moto dell'ascensore l'onda luminosa verrà schiacciata verso lunghezze d'onda inferiori: avverrà uno spostamento verso il blu, un *blueshift* (l'osservatore deve essere dotato di strumenti supersensibili, oppure usare una cinepresa ad alta velocità e poi esaminare la scena al rallentatore). L'unica differenza fisica è che l'osservatore esterno è fermo in un campo gravitazionale. Quindi l'unica possibilità che misurando l'impulso di luce i due osservatori ottengano esattamente lo stesso valore della lunghezza d'onda si ha se la gravità produce un *redshift*, stirando la luce, che compensa esattamente lo schiacciamento, che produce il *blueshift*. Tutto ciò, com'è ovvio, può essere descritto matematicamente dalle equazioni di Einstein. In base alla previsione, nel caso di luce che passa vicino alla superficie della Terra, la frequenza misurata di un raggio laser dovrebbe risultare spostata di un milionesimo di milionesimi dell'1 per cento per una differenza di altezza di 100 metri. Questo è il *redshift* gravitazionale. Per quanto possa sembrare incredibile, negli anni sessanta i fisici riuscirono a realizzare gli esperimenti necessari con questa precisione.

Gli esperimenti furono condotti da Robert Pound e dai suoi colleghi nel Dipartimento di Fisica di Harvard, nel vano dell'ascensore della Jefferson Tower, alto 22,5 metri. L'équipe di Pound misurò il cambiamento di lunghezza d'onda (in realtà un *blueshift*, perché la luce era diretta verso il basso, non verso l'alto) della radiazione emessa in cima alla torre e registrata alla base con una precisione di due parti su 10^{15}. L'esperimento richiedeva un emettitore che producesse luce di una lunghezza d'onda (o frequenza) molto precisa e un rilevatore che la potesse misurare con mirabile precisione. La fonte era un campione di materiale radioattivo, ferro-57, che emette raggi gamma con una frequenza molto precisa, corrispondente a una lunghezza d'onda di 0,86 Ångstrom (0,086 nanometri). Lo stesso materiale può anche assorbire i raggi gamma, ma solo se hanno esattamente la frequenza giusta. Venne collocato un rivelatore contenente ferro-57 su un piccolo montacarichi idraulico che spostandosi lentamente verso il basso produceva un *redshift* Doppler, annullando il *blueshift* gravitazionale, e misurò la velocità del montacarichi nel punto in cui si verificava la cosiddetta «risonanza» e i raggi gamma venivano assorbiti. Sono numeri sbalorditivi, ma ci si può fare un'idea della precisione dell'esperimento considerando che la risonanza si verificò soltanto quando l'ascensore scendeva alla velocità di due millimetri all'ora. Questo valore, naturalmente, era in perfetto accordo con le previsioni della teoria generale della relatività.

L'influenza gravitazionale ha effetto sulle misurazioni non solo delle lunghezze, come la lunghezza d'onda della luce, ma anche del tempo, di modo che gli orologi posti in un campo gravitazionale più intenso dovrebbero camminare più lentamente di orologi identici che si trovano in un campo gravitazionale più debole. In realtà è lo stesso fenomeno del *redshift* gravitazionale considerato da una prospettiva diversa. In effetti, misuriamo la lunghezza d'onda della luce contando il numero di picchi dell'onda che superano un punto fisso in un ticchettio dell'orologio. Se l'onda è spostata verso il rosso, nello stesso intervallo di tempo il punto fisso viene superato da un numero minore di picchi. Si otterrebbe però esattamente lo stesso effetto se i ticchettii dell'orologio fossero più ravvicinati e i picchi avessero meno tempo per superare il punto. Nel caso di un *blueshift*, accade il contrario. Nel nostro esperimento dell'ascensore in caduta, l'osservatore a terra dice che la luce è spostata verso il rosso, ma l'osservatore nell'ascensore dice che l'orologio a terra cammina lentamente.

Gli esperimenti che verificarono questa variazione del tema erano più complicati dell'esperimento di Harvard, a causa della presenza di orologi in movimento (su aeroplani: l'unico modo per portarli a un'altezza dal suolo sufficiente per poter misurare l'effetto), che imponeva di tenere conto degli effetti descritti sia dalla teoria ristretta sia da quella generale. Fu così che una prova diretta della dilatazione gravitazionale del tempo si ottenne soltanto nel 1971.

Gli sperimentatori che si accollarono questo compito improbo furono Joseph Hafele, della Università Washington di St. Louis, e Richard Keating, dell'Osservatorio navale degli Stati Uniti di Washington. Se avessero potuto noleggiare un jet privato su cui far viaggiare i loro orologi atomici ultraprecisi, l'esperimento sarebbe stato ragionevolmente semplice, ma data la limitatezza dei fondi governativi i ricercatori non ebbero altra scelta che far volare i loro orologi intorno al mondo su voli di linea commerciali. Gli orologi non poterono neanche viaggiare in prima classe, ma solo in classe economica, assicurati saldamente alla parete della cabina passeggeri e collegati alla rete elettrica dell'aereo. L'esperimento consistette nel far volare due orologi intorno al mondo, uno verso est tra il 4 e il 7 ottobre 1971 e l'altro verso ovest tra il 13 e il 17 ottobre. I due voli in direzioni opposte erano necessari per tenere conto della rotazione della Terra. Erano voli commerciali e quindi il viaggio comportò molte soste e molti cambiamenti di velocità, altezza dal suolo e direzione, che dovettero essere tutti annotati con cura e inseriti nei calcoli quando si misero a confronto gli intervalli di tempo registrati dagli orologi in viaggio con quelli registrati da orologi che erano sempre rimasti fermi all'Osservatorio navale.

I risultati non erano precisi quanto quelli dell'esperimento di Harvard, ma erano in accordo con le previsioni della teoria generale entro i limiti dell'errore sperimentale. L'orologio che aveva volato verso ovest era in anticipo di 273 nanosecondi (miliardesimi di secondo), in confronto a un anticipo previsto di 275 nanosecondi, per due terzi attribuibile al *blueshift* gravitazionale derivante dall'altezza dal suolo. La situazione era più complicata nel caso del volo verso est, in cui ci si aspettava che l'effetto di dilatazione del tempo della teoria ristretta provocasse un ritardo superiore all'anticipo dovuto al *blueshift* gravitazionale. Il ritardo osservato era di 59 nanosecondi, ma una serie di errori causati dall'inesattezza dei dati del volo rendeva possibile qualsiasi valore compreso tra 39 e 79 nanosecondi; il valore previsto era 40 nanosecondi. Indicativo, ma non convincente come unica prova.

Se però qualcuno ancora dubitava della realtà del *redshift* gravitazionale, ogni dubbio fu fugato nel giugno 1976, quando Robert Vessot e Martin Levine realizzarono l'esperimento noto come *Gravity Probe A*, lanciando nello spazio un razzo che salì fino a un'altezza di 10 000 chilometri con un volo suborbitale.[4] Durante il volo, il «ticchettio» di un orologio atomico presente a bordo fu confrontato, grazie a un collegamento radio, con quello di un orologio identico situato a terra, monitorando il modo in cui lo spostamento Doppler variabile derivante dal moto del razzo rispetto al suolo interagiva con il *blueshift* gravitazionale a un'altezza elevata, dando luogo a una differenza complessiva tra i due orologi. I risul-

[4] In realtà i ricercatori impiegarono due anni per analizzare tutti i dati, perciò i risultati finali furono resi pubblici nel 1978.

tati erano in accordo con la previsione della teoria della relatività con una precisione di 70 parti su un milione, 7 millesimi dell'1 per cento.

Un'altra verifica della teoria di Einstein, l'esperimento noto come *Gravity Probe B*, ebbe luogo ad altezze minori, grazie a un satellite in orbita, non a un volo suborbitale. La preparazione richiese molto tempo e l'esperimento ha prodotto risultati soltanto verso la fine del primo decennio di questo secolo, ma mi sta particolarmente a cuore perché è l'argomento di uno dei primi articoli che ho scritto per la rivista «New Scientist» più di quarant'anni fa, nel 1968, quando ero uno studente di dottorato.

Gravity Probe B è noto anche come «esperimento di Stanford dei giroscopi in assenza di gravità», una buona sintesi delle sue caratteristiche. I più importanti scienziati che hanno preso parte al progetto, sotto la guida di Francis Everitt, provenivano da Stanford, e l'esperimento si basava su un insieme di giroscopi fluttuanti in assenza di gravità in orbita intorno alla Terra in un satellite senza equipaggio. Lo scopo dell'esperimento era misurare l'effetto della rotazione della Terra sullo spaziotempo, che è stato paragonato alla distorsione che si produce in una scodella contenente sciroppo d'acero facendo girare un cucchiaio al centro dello sciroppo. È noto come «effetto Lense-Thirring» perché fu suggerito dai fisici austriaci Josef Lense e Hans Thirring, due anni dopo la pubblicazione della teoria generale della relatività. L'effetto, noto anche come *frame dragging*, o effetto di trascinamento, è minuscolo ed è per questo motivo che è stato necessario tanto tempo per mettere a punto strumenti abbastanza sensibili da misurarlo e per inviarli nello spazio. Fortunatamente, qui ci dobbiamo preoccupare soltanto dei risultati.

A bordo del satellite, che orbitava intorno alla Terra a 650 chilometri di altezza passando sopra a entrambi i poli, erano stati messi quattro giroscopi. Il lancio avvenne il 20 aprile 2004 e la missione durò sedici mesi. La finestra di lancio era di un solo secondo, poiché l'esperimento richiedeva che il satellite avesse un'orbita ben precisa. Questo però era un problema insignificante in confronto alla precisione dell'esperimento stesso. I giroscopi, grandi pressappoco come una pallina da ping-pong, erano gli oggetti più sferici mai costruiti, realizzati con un margine di precisione di circa 40 atomi, e se uno di essi fosse stato grande come la Terra, la massima irregolarità della superficie sarebbe stata alta solo 2,4 metri. Le sfere erano fatte di quarzo fuso, ricoperto da uno strato sottilissimo di niobio. Non dovendo mai entrare in contatto con le pareti del contenitore, erano sospese tramite campi elettrici e un piccolo flusso di gas elio le faceva ruotare; le direzioni in cui puntavano (i loro assi di rotazione) erano monitorate usando campi magnetici prodotti dallo strato di niobio. I risultati completi dell'esperimento sono stati pubblicati da «Physical Review Letters» nel 2010. Per tutti e quattro i giroscopi, la «deviazione» dovuta all'effetto di trascinamento della direzione in cui puntavano corrispondeva alle previsioni della teoria generale. La deviazione misurata era di 37,2 milliarcosecondi all'anno, con un possibile errore di ± 7,2 mas/anno; il valore previsto era 39,2 mas/anno.

La materia però non solo trascina con sé lo spaziotempo, ma può anche crearvi increspature e nel 2013 una conseguenza di questa radiazione gravitazionale ha fornito la conferma finora più precisa dell'esattezza della teoria di Einstein.

La formazione di onde

Gravity Probe B ha confermato che oggetti di grande massa come la Terra o una stella trascinano con sé lo spaziotempo mentre ruotano. Se si muovono avanti e indietro, possono anche generare onde nella struttura dello spaziotempo – note come «onde gravitazionali» o «radiazione gravitazionale» – simili alle onde che possiamo creare in una bacinella piena d'acqua infilandovi un dito e muovendolo. Le increspature prodotte nella struttura dello spaziotempo sono molto deboli, a meno che l'oggetto non abbia una massa grandissima e non si muova piuttosto rapidamente. Tuttavia le onde furono previste da Einstein in un articolo pubblicato nel 1916, in cui faceva vedere che avrebbero dovuto viaggiare alla velocità della luce. I fisici tentano da decenni (finora senza successo) di rilevare la radiazione gravitazionale usando rilevatori molto sensibili qui sulla Terra e progettano di lanciare nello spazio rilevatori ancora più sensibili.

Nel frattempo, però, la prova certa dell'esattezza della previsione di Einstein è stata fornita da osservazioni di oggetti compatti molto lontani nello spazio – l'ultima, e più precisa, di queste osservazioni è stata descritta nel 2013.[5] Gli oggetti in questione sono stelle binarie compatte, sistemi in cui una stella orbita intorno all'altra a distanza ravvicinata – o, piuttosto, in cui entrambe orbitano intorno al centro di massa comune, come il bastone fatto roteare da una majorette. Il primo di questi sistemi così estremi da permettere di verificare la previsione di Einstein è stato una «pulsar binaria», studiata a metà degli anni settanta del secolo scorso.

Una pulsar binaria è costituita da due stelle di neutroni, una delle quali è una pulsar, che orbitano l'una intorno all'altra, formando un sistema binario. L'espressione indica anche una pulsar in orbita attorno a qualunque altra stella, per esempio una nana bianca. Oggi conosciamo più di venti pulsar binarie, ma per gli astronomi la «pulsar binaria» è la prima che venne scoperta, nota anche con il suo numero di catalogo, PSR 1913+16.

La pulsar binaria fu scoperta nel 1974 da Russell Hulse e Joseph Taylor, dell'Università del Massachusetts, durante un programma di ricerca condotto con il radiotelescopio di Arecibo, in Portorico. All'epoca questa pulsar era l'orologio più preciso individuato fino a quel momento. Ciò che avevano scoperto quell'estate era tanto importante che nel 1993 Hulse e Taylor ricevettero il premio Nobel per il loro lavoro sulla pulsar binaria.

Il primo indizio dell'esistenza delle pulsar binarie si presentò il 2 luglio, quando gli strumenti registrarono un segnale molto debole. Se fosse stato ancora più debole del 4 per cento, sarebbe stato al di sotto del livello minimo inserito nel programma che effettuava la ricerca e non sarebbe stato registrato. La fonte era particolarmente interessante perché aveva un periodo molto breve, di soli 0,059 secondi, e all'epoca si conosceva soltanto una pulsar più veloce. Fino al 25 agosto, tuttavia, Hulse non poté usare il telescopio di Arecibo per esaminare l'oggetto più nei dettagli.

Nei giorni seguenti, Hulse compì una serie di osservazioni della pulsar e rilevò che variava in modo insolito. Le pulsar sono per la

[5] Cfr. Antoniadis *et al.* 2013.

maggior parte orologi di estrema precisione, che battono il tempo con un periodo preciso che resta invariato fino alla sesta o settima cifra decimale, ma questa sembrava avere un periodo irregolare che variava da un giorno all'altro di ben 30 microsecondi (un «errore» enorme per una pulsar). All'inizio di settembre, Hulse si rese conto che le variazioni stesse avevano un andamento periodico e potevano essere spiegate dall'effetto Doppler causato dal moto della pulsar in un'orbita stretta intorno a una stella compagna, e insieme a Taylor, volato ad Arecibo per partecipare alla ricerca, scoprì che il periodo orbitale della pulsar intorno alla compagna (il suo «anno») è di 7 ore e 45 minuti, con la pulsar che viaggia a una velocità massima (rivelata dall'effetto Doppler) di 300 chilometri al secondo – un millesimo della velocità della luce – e a una velocità media di circa 200 chilometri al secondo, mentre sfreccia intorno alla compagna. L'orbita percorsa a questa velocità sbalorditiva in poco meno di 8 ore è pari a circa 6 000 000 di chilometri, pressappoco la circonferenza del Sole. In altre parole, la distanza media tra la pulsar e la sua compagna è uguale all'incirca al raggio del Sole e tutto il sistema binario potrebbe stare all'interno del Sole.

Tutte le pulsar sono stelle di neutroni; i parametri orbitali mostravano che in questo caso anche la compagna doveva essere una stella di neutroni. Si riconobbe quasi immediatamente che il sistema costituiva un banco di prova quasi perfetto per la teoria generale – e di fatto anche per la teoria ristretta. Come ho spiegato, una delle prove fondamentali della teoria generale della relatività è l'avanzamento del perielio di Mercurio. Si sapeva che l'effetto equivalente nella pulsar binaria (l'avanzamento del «periastro») sarebbe stato cento volte più forte e, mentre Mercurio compie soltanto quattro orbite complete intorno al Sole in un anno, la pulsar binaria compie mille orbite all'anno intorno alla compagna, dando opportunità molto maggiori di studiare l'effetto. Il valore misurato risultò in perfetto accordo con la previsione della teoria di Einstein – la prima prova diretta della teoria generale ottenuta grazie a un oggetto al di fuori del sistema solare. Inserendo le misure della deviazione nei dati orbitali del sistema, alla fine si determinò con una precisione senza precedenti che la massa totale delle due stelle è pari a 2,8275 masse solari.

Questo fu solo l'inizio dell'uso della pulsar binaria come laboratorio gravitazionale in cui verificare e utilizzare la teoria di Einstein. Una serie di osservazioni prolungate condotte nel corso di molti mesi mostrarono che la pulsar, una volta tenuto conto dei cambiamenti regolari causati dal suo moto orbitale, in realtà teneva il tempo in maniera molto precisa. Il suo periodo di 0,05903 secondi aumentava soltanto di un quarto di nanosecondo (un quarto di miliardesimo di secondo) in un anno, come un orologio che accumuli soltanto un ritardo del 4 per cento in un milione di anni.

I valori misurati diventarono sempre più precisi all'aumentare delle osservazioni. All'inizio di settembre 1974, i dati erano i seguenti: periodo = 0,059029995271 secondi, tasso di incremento = 0,253 nanosecondi all'anno, periodo orbitale = 27906,98163 secondi, avanzamento del periastro = 4,2263 gradi di arco all'anno.

Grazie alla precisione delle osservazioni, di lì a poco fu possibile realizzare altre verifiche e applicazioni della teoria della relatività. Una riguarda la dilatazione del tempo prevista dalla teoria ristretta della relatività. Poiché la velocità della pulsar intorno alla sua compagna è una percentuale considerevole della velocità della luce, l'«orologio» pulsar è rallentato, in base alle nostre osservazioni, di una quantità che dipende dalla sua velocità. Poiché nel corso di un'orbita la velocità varia (da un massimo di 300 chilometri al secondo fino a «soltanto» 75 chilometri al secondo), questo si tradurrà in una variazione regolare del periodo della pulsar nel corso di ciascuna orbita. Inoltre, poiché la pulsar segue un'orbita ellittica intorno alla compagna, la sua distanza dall'altra stella di neutroni varia. Ciò significa che si muove da regioni con un campo gravitazionale relativamente intenso a regioni con un campo gravitazionale relativamente debole e che il suo meccanismo di orologio dovrebbe essere soggetto a un *redshift* gravitazionale che varia in maniera regolare.

La combinazione di questi due effetti produce una variazione massima misurata del periodo della pulsar di 58 nanosecondi nel corso di un'orbita; questa informazione può essere inserita nei calcoli orbitali per determinare il rapporto tra le masse delle due stelle. Poiché l'avanzamento del periastro indica che la massa combinata è pari a 2,8275 masse solari, la somma di questi dati rivela che la pulsar ha una massa di 1,42 masse solari, mentre la sua compagna ha una massa di 1,40 masse solari. Queste sono state le prime misure precise della massa di stelle di neutroni.

Nonostante l'importanza di questo risultato, il massimo trionfo della ricerca sulle pulsar binarie era ancora di là da venire. Appena fu annunciata la scoperta del sistema, alcuni relativisti fecero notare che in teoria la pulsar binaria avrebbe dovuto perdere energia a causa della radiazione gravitazionale, generando increspature nella struttura dello spaziotempo che avrebbero sottratto energia e reso più veloce il periodo orbitale, mentre di conseguenza la pulsar binaria e la sua compagna si sarebbero avvicinate muovendosi a spirale.

Anche in un sistema estremo come una pulsar binaria l'effetto è molto piccolo: avrebbe dovuto far diminuire il periodo orbitale (circa 27 000 secondi) soltanto di qualche decina di milionesimi di secondo (all'incirca lo 0,0000003 per cento) all'anno. La teoria era chiara, ma le osservazioni richiedevano una precisione senza precedenti. Nel dicembre 1978, dopo quattro anni di lavoro, Taylor annunciò che l'effetto era stato misurato e che corrispondeva esattamente alla previsione della teoria di Einstein, secondo la quale il periodo orbitale sarebbe dovuto diminuire di 75 milionesimi di secondo all'anno. Nel 1983, nove anni dopo la scoperta della pulsar binaria, Taylor e i suoi colleghi avevano misurato il cambiamento con una precisione di 2 milionesimi di secondo all'anno, riferendo un valore osservato di 76 ± 2 milionesimi di secondo all'anno. Da allora, le osservazioni sono ulteriormente migliorate e mostrano un accordo con la teoria di Einstein che ha un errore inferiore all'1 per cento. Questa è stata una prova spettacolare ed esauriente della teoria generale della relatività, che in effetti ha scartato ogni altra teoria come buona descrizione del funzionamento dell'Universo.

Non essendo disposti a riposare sugli allori, gli astronomi hanno continuato a cercare altri oggetti che potessero essere usati per verificare la teoria generale. Il loro ultimo successo è legato a una stella di neutroni e a una nana bianca che orbitano l'una intorno all'altra a una distanza di circa 7000 anni-luce dalla Terra. La stella di neutroni – un'altra pulsar, chiamata PSR J0348+0432 – è stata scoperta da alcuni radioastronomi grazie al telescopio di Green Bank e la sua compagna è stata individuata poco tempo dopo in luce ottica; il sistema è studiato usando telescopi ottici e radiotelescopi di tutto il mondo dalla fine del 2011. Le due stelle orbitano l'una intorno all'altra una volta ogni 2,46 ore e la pulsar ruota sul suo asse una volta ogni 39 millisecondi – cioè all'incirca 25 volte al secondo. Lo stesso tipo di analisi utilizzato per la pulsar binaria rivela che in questo caso la stella di neutroni ha una massa appena superiore a 2 masse solari, con un diametro di circa 20 chilometri, mentre la nana bianca ha una massa appena inferiore a 0,2 masse solari. La distanza tra le due stelle è circa 1,2 volte il raggio del Sole, poco più di metà del suo diametro; anche in questo caso tutto il sistema troverebbe posto all'interno del Sole. Insieme alle proprietà orbitali misurate, ciò implica che la radiazione gravitazionale dovrebbe far «decadere» l'orbita al ritmo di $2,6 \times 10^{-13}$ secondi al secondo; il valore misurato è $2,7 \times 10^{-13}$ secondi al secondo, con un'incertezza di $\pm 0.5 \times 10^{-13}$.[6] Nel corso di un anno, ciò equivale soltanto a circa 8 milionesimi di secondo. Questa è una prova ancora migliore della teoria generale della relatività, anche a causa della maggiore massa della pulsar (la stella di neutroni con la massa più grande scoperta finora) rispetto alla massa delle stelle di neutroni dell'originario sistema binario di pulsar.

Nel corso dei prossimi anni le continue osservazioni forniranno prove sempre più precise della teoria generale. Tuttavia la grande precisione di questa prova, e la bontà dell'accordo con le previsioni della teoria di Einstein, fanno sì che la teoria generale della relatività possa oggi essere considerata come una delle due teorie più solide di tutta la scienza, insieme all'elettrodinamica quantistica. Che cosa può rivelarci dell'Universo in generale questa teoria di così grande successo?

L'Universo in generale

L'espressione «teoria generale della relatività» in realtà ha un duplice significato. È generale perché si applica al moto accelerato

[6] Non vi preoccupate delle bizzarre unità di misura. Gli astronomi in realtà non possono misurare il cambiamento in un secondo, ma lo derivano dalle osservazioni realizzate in intervalli di tempo molto più lunghi. Ciò che conta è lo stretto accordo tra i due numeri.

e alla gravità, non solo a oggetti che si muovono in linea retta a velocità costante (ed è in questo senso che Einstein usò questa espressione in origine), ma è generale anche nel senso che si applica a ogni cosa: all'intero Universo e a tutto ciò che contiene, tutto lo spazio e tutto il tempo. Per la verità, in senso stretto la teoria generale si applica *soltanto* a un intero universo. Quando la usiamo per descrivere l'orbita di Mercurio o il comportamento di una stella di neutroni, ciò che facciamo in realtà è usare un'approssimazione in cui la metrica locale è appiccicata sulla metrica del circostante spaziotempo piatto, che si presume estendersi all'infinito. Le influenze di altre parti dell'Universo vengono ignorate, perché sono molto piccole. Tuttavia Einstein – come vedremo nel capitolo seguente, in cui ritorneremo alla storia della sua vita – si rese immediatamente conto che ciò che aveva scoperto era una descrizione dell'intero Universo e nel 1917 pubblicò alcune soluzioni della sua equazione, i primi «modelli cosmologici» (così sono chiamate queste descrizioni dello spaziotempo), derivati dalla teoria generale. Notate il plurale. Non esiste un'unica soluzione cosmologica delle equazioni, ma ne esistono diverse, che descrivono differenti tipi di universo. Quando si parla di questi modelli, si usa l'iniziale minuscola (universo), mentre si usa l'iniziale maiuscola quando si discute dell'Universo in cui viviamo.

Per Einstein fu una vera sorpresa: nel 1917 era alla ricerca di *una* soluzione delle sue equazioni, di una descrizione *dell'*Universo. All'epoca si riteneva che quella che oggi sappiamo essere la nostra galassia, la Via Lattea, fosse l'intero Universo e la Via Lattea sembrava un insieme essenzialmente statico di stelle, eterno e immutabile alla scala più grande, a parte i movimenti casuali. La soluzione che Einstein trovò era grosso modo in accordo con quell'aspettativa, però aveva un difetto irritante: il suo modello non stava fermo. A seconda di come lo si considerava, era in continua espansione o in continua contrazione. Einstein risolse il problema aggiungendo un altro termine all'equazione, oggi noto come «costante cosmologica», che aveva l'unico scopo di rendere statico il modello, come pensava che fosse l'Universo. Secondo il fisico George Gamow, più tardi Einstein lo descrisse come il «più grande errore» della sua carriera, per ragioni che saranno chiarite in seguito.[7]

Subito dopo che Einstein ebbe scoperto quella che ai suoi occhi era *la* soluzione cosmologica delle equazioni della teoria generale, l'astronomo olandese Willem de Sitter trovò un'altra soluzione, un altro modello cosmologico. Non era una descrizione realistica dell'Universo, perché non conteneva materia; descriveva uno spaziotempo stazionario, matematicamente vuoto. I matematici però, facendo una mossa equivalente a spargere pezzettini di materia nell'universo di de Sitter per vedere che cosa sarebbe successo, scoprirono qualcosa di curioso: esso si espandeva, stirando lo spazio che aumentava le distanze tra le particelle di materia. Immaginando un osservatore su una di queste «particelle di prova» che monitora la luce proveniente dalle altre particelle di prova, le equazioni indicavano che la luce sarebbe stata stirata dall'espansione, passando dall'estremità blu dello spettro a quella rossa: un *redshift*. Nel 1917, nessuno considerò la questione come qualcosa di diverso da una curiosità matematica.

Il passo avanti successivo fu compiuto da un matematico russo, Alexander Friedman, nel 1922. Friedman fu il primo a rendersi conto che era inutile cercare un'unica soluzione cosmologica delle equazioni di Einstein, che stava affrontando una famiglia di soluzioni, un'intera varietà di modelli cosmologici. Invece di forzare i modelli per tenerli fermi aggiungendo una costante cosmologica, lasciò che seguissero la propria inclinazione, espandendosi o contraendosi come volevano. Per completezza, però, considerò anche modelli con varie costanti cosmologiche.

Tre tipi di modelli scoperti da Friedman sono particolarmente importanti. In una delle variazioni sul tema, i modelli descrivono un universo che si espande in eterno, rallentando a causa dell'influenza gravitazionale di tutta la materia che contiene, ma senza mai fermarsi. Questi sono i modelli «aperti». In un altro insieme di modelli, l'universo inizia espandendosi, ma rallenta fino a fermarsi e poi collassa su se stesso. Questi sono i modelli «chiusi». Tra que-

[7] Cfr. Gamow 1970. Gamow era un buon narratore, anche se ha scritto qualche esagerazione per fare colpo. Questa è però la fonte originaria (e l'unica) di uno dei commenti più citati di Einstein.

ste due varietà vi è un tipo speciale di universo che si espande sempre più lentamente e a poco a poco arriva quasi a fermarsi, ma non ricollassa mai. Questi sono i modelli «piatti», poiché lo spaziotempo complessivo di un tale universo è piatto, fatta eccezione per gli avvallamenti causati da oggetti come le stelle.

All'epoca il lavoro di Friedman non suscitò grande attenzione, in parte perché Friedman era russo e quindi isolato dagli altri scienziati in quei tempi difficili, e in parte perché morì nel 1925 e non poté più promuoverlo. Tuttavia nel 1927 Georges Lemaître, un astronomo belga (che era anche sacerdote cattolico), ignaro del lavoro di Friedman, pubblicò un'analisi simile delle equazioni. Allora si era appena stabilito che la Via Lattea è soltanto una galassia in un vasto mare di oggetti simili e si erano effettuate alcune misurazioni di *redshift* della luce proveniente da qualcuna di queste altre galassie. Lemaître ipotizzò che ciò provasse che l'Universo è in espansione ed elaborò l'idea che quindi in passato dovesse essere stato più piccolo, con le galassie e le stelle stipate in quello che chiamava l'«uovo cosmico».

Tutto ciò non attirò molta attenzione fino a quando l'astronomo americano Edwin Hubble (l'uomo che aveva dimostrato l'esistenza di altre galassie oltre alla Via Lattea), continuando il lavoro di Vesto Slipher e assistito dalle eccellenti osservazioni realizzate dal collega Milton Humason, tra la fine degli anni venti e gli anni trenta misurò il *redshift* e la distanza di molte altre galassie e formulò la legge di Hubble, secondo la quale il *redshift* di una galassia è proporzionale alla sua distanza. Questa legge è valida da qualunque galassia si effettui l'osservazione e non significa che noi siamo al centro dell'Universo. In realtà, significa che non esiste un centro dell'Universo! Con l'idea dell'uovo cosmico di Lemaître e il lavoro di molti astronomi e fisici (tra cui Gamow) nei quarant'anni successivi, il modello del Big Bang si affermò come una buona descrizione del nostro Universo, corrispondente al modello piatto in espansione di Friedman-Lemaître senza costante cosmologica. Se Einstein avesse creduto a ciò che dicevano le equazioni, avrebbe potuto prevederlo nel 1917.

Fino alla fine degli anni novanta, osservazioni più accurate condotte con telescopi migliori (ottici e radio) e strumenti nello spazio sembrarono corrispondere in modo sempre più preciso all'«universo einsteiniano» più semplice. Particolarmente significativa fu la scoperta della radiazione cosmica di fondo, un debole sibilo di rumore radio proveniente da tutte le direzioni dello spazio e interpretato come residuo della radiazione del Big Bang. Il quadro che si determinò era quello di un Universo nato da uno stato superdenso (forse una singolarità) con una fase iniziale di rapida espansione detta «inflazione», seguita da un'espansione in graduale rallentamento corrispondente ai modelli piatti di Friedman. Una caratteristica affascinante è che, per rendere piatto lo spaziotempo, e per rendere conto del movimento delle galassie negli ammassi di galassie, deve esistere molta più materia di quanta ne possiamo vedere nelle stelle e nelle galassie. Per essere in accordo con l'interpretazione della fisica del Big Bang, questa non può essere la fredda materia ordinaria, ma deve essere una materia diversa da quella che si trova sulla Terra o nelle stelle. La ricerca di questa materia, detta «materia oscura», è in corso. Poi, alla fine del Novecento, arrivò una scoperta ancora più emozionante.

Con i migliori telescopi mai realizzati fu possibile misurare *redshift* e distanze di galassie molto lontane nell'Universo, e si scoprì che queste galassie si stanno allontanando da noi, a causa dello stiramento dello spazio, a una velocità leggermente superiore a quella che «dovrebbero» avere, secondo la versione più semplice della legge di Hubble.[8] La spiegazione non tardò ad arrivare. I conti tornano se c'è, dopo tutto, una piccola costante cosmologica, una specie di elasticità dello spazio, che influenza l'espansione dell'Universo. Quando l'Universo era più giovane e più compatto, la gravità dominava l'espansione, rallentandola in accordo con la legge di Hubble; quando le galassie si sono distanziate e la materia si è diradata, tuttavia, l'influenza della gravità si è indebolita, mentre la costante cosmologica è rimasta invariata, tanto che sta soltanto iniziando a vincere la gravità e a far espandere l'Universo più velocemente. Se andrà avanti così, il destino finale dell'Universo è l'espansione eterna a un ritmo sempre più veloce. Il «più grande

[8] Per certi versi, è meglio pensare che siamo noi ad allontanarci più velocemente dalle galassie distanti che dalle galassie vicine.

errore» di Einstein risulta essere una chiave per comprendere l'Universo.

C'è dell'altro. La costante cosmologica è una forma di energia, detta a volte «energia oscura». L'elasticità dello spazio contiene energia, proprio come una normale molla compressa. Poiché, come ci ha insegnato Einstein, l'energia è equivalente alla massa, questa energia oscura contribuisce a rendere lo spaziotempo piatto. Di fatto, è la forma di massa *dominante* nell'Universo. Utilizzando i dati del satellite Planck, così chiamato in onore del padre fondatore della fisica quantistica, nel 2013 gli astronomi hanno potuto annunciare un'analisi magnificamente dettagliata del contenuto materiale dell'Universo. Solo il 4,9 per cento della massa dell'Universo (meno di un ventesimo) è sotto forma di quella che per noi è la materia ordinaria, quella che costituisce noi, le stelle e i pianeti. Esattamente il 26,8 per cento della massa dell'Universo, più di cinque volte la quantità di materia ordinaria, è sotto forma dell'ancora misteriosa materia oscura. Più di due terzi, il 68,3 per cento, è sotto forma della costante cosmologica, ovvero energia oscura. E l'Universo ha 13,8 miliardi di anni. Questa descrizione straordinariamente precisa dell'intero Universo ha come solida base la teoria generale della relatività: un'eredità che Einstein non avrebbe mai potuto immaginare quando era alle prese con le equazioni cosmologiche a Berlino, in condizioni di estrema privazione, nella seconda metà della Grande Guerra.

5.

L'icona della scienza

Per riprendere le fila della storia privata di Einstein, ricordate che quando scoppiò la prima guerra mondiale era solo a Berlino, all'inizio di una nuova vita. Aveva l'assoluta libertà di lavorare come desiderava, ma nei primi tempi non aveva nessuno che si occupasse delle faccende della vita quotidiana. La questione diventò sempre più importante quando gli alleati cercarono di costringere la Germania alla resa per fame con un embargo alimentare. Fu in queste circostanze, sempre più difficili via via che la guerra andava avanti, che Einstein completò il suo capolavoro. E si può dire che sopravvisse alla guerra soltanto grazie al sostegno che ricevette dalla cugina Elsa.

Einstein, come ho già detto, lavorava in maniera ossessiva, dormiva solo quando era spossato, si dimenticava di mangiare e trascurava l'igiene personale. Completò la teoria generale nel 1915 e passò quasi subito a studiarne le implicazioni cosmologiche. Come se ciò non fosse bastato, nel 1916 diede un altro contributo importante alla fisica quantistica, usando i metodi della meccanica classica (tornando a uno dei suoi primi interessi) per spiegare il comportamento degli elettroni che «saltano» da un livello di energia a un altro negli atomi. Questo comportamento produce le linee spettrali che sono le impronte digitali caratteristiche dei diversi elementi (usate, tra molti altri scopi, per misurare il *redshift* delle galassie nell'Universo in espansione). Cercando di spiegare la natura di questi salti, Einstein derivò l'equazione della radiazione del corpo nero – la formula di Planck – in un modo nuovo e gettò anche le basi per indagare la possibilità di stimolare gli atomi a emettere radiazione. Einstein era tornato al problema dell'interazione tra luce e materia armato del modello dell'atomo come minuscolo nucleo centrale circondato da una nube di elettroni, che era stato sviluppato dal danese Niels Bohr a partire dal lavoro sperimentale del neozelandese Ernest Rutherford. Usando l'idea che gli elettroni «saltano» da un livello di energia a un altro all'interno dell'atomo quando emettono o assorbono quanti di luce (fotoni), scoprì che in linea di principio si può fare in modo che atomi adeguatamente eccitati rilascino un impulso di quanti di luce tutti con la stessa lunghezza d'onda, nello stesso momento, sotto forma di un fascio di luce pura.

Questo risultato diventò, decenni dopo, il fondamento della fisica dei laser (il nome è l'acronimo di *Light Amplification by Stimulated Emission of Radiation*). Tutto questo lavoro fu completato nel 1916, ma pubblicato dalla «Physikalische Zeitschrift» nel 1917, in un articolo che introduceva anche l'idea che i fotoni – le particelle di luce – siano dotati di quantità di moto, proprio come gli oggetti d'uso comune (le palle da cricket). Lo sforzo – compiuto dopo la corsa per completare la teoria generale della relatività prima che qualcuno lo precedesse –, oltre alla trascuratezza, quasi uccise Einstein. Per tutto il tempo, però, Elsa gli fu accanto, offrendogli un sostegno sempre più importante mentre le condizioni nella Berlino in tempo di guerra peggioravano.

Problemi personali

Una delle ragioni per cui nell'estate del 1916 Einstein si ributtò a capofitto nel lavoro era il continuo peggioramento della sua relazione con Mileva. A Pasqua si era recato in Svizzera, soprattutto per vedere i suoi figli, ma si era rifiutato di avere contatti con la moglie da cui si era separato. Ciò aveva comprensibilmente irritato Hans Albert, allora dodicenne, e padre e figli si erano lasciati in malo modo. Mileva si ammalò, colpita da una specie di esaurimento nervoso che Einstein liquidò come simulato o psicosomatico, continuando a rifiutare di vederla. All'amico Besso, che cercava di fare da intermediario, scrisse: «Conduce una vita senza preoccupazioni, ha con sé i suoi due adorati ragazzi, vive in un quartiere favoloso, fa quello che le pare del suo tempo, e passa innocentemente per la parte senza colpe» (come in effetti era, a dire il vero). Di fronte ai problemi esterni Einstein reagiva sempre immergendosi nel lavoro, e quella volta lo fece a tal punto da ammalarsi seriamente.

Tutto ciò che dobbiamo sapere sullo stato di salute di Einstein nel 1917 è stato riassunto da un suo amico, János Plesch, che era medico:

> Come la sua mente non conosce limiti, così il suo corpo non segue regole prestabilite ... dorme fino a quando non lo svegliano, sta sveglio fino a quando non gli dicono di andare a letto, soffre la fame fino a quando non gli danno qualcosa da mangiare e mangia fino a quando non lo fermano.[1]

Naturalmente, la persona che gli diceva che cosa fare era Elsa, assistita dalle due figlie già grandi (nel 1917 Ilse aveva vent'anni e Margot diciotto).

All'inizio del 1917 Einstein ebbe un collasso fisico e mentale. Nonostante avesse soltanto trentotto anni, aveva gravi dolori allo stomaco; sulle prime sospettò che fossero causati da un tumore, ma i medici stabilirono che erano dovuti a un'ulcera. Einstein fu afflitto gravemente da questo problema nei quattro anni successivi e in forma più lieve per il resto della vita. Nel giro di due mesi, all'inizio del 1917, perse più di 20 chili. Una lenta guarigione iniziò in realtà soltanto nell'estate di quell'anno, quando si liberò un appartamento nell'edificio in cui vivevano Elsa e le figlie ed Elsa riuscì a trasferirvi Albert per prendersi cura di lui a tempo pieno. Senza il suo sostegno, molto probabilmente Einstein non sarebbe riuscito a sopravvivere ai mesi peggiori del 1917, quando l'embargo degli alleati raggiunse il massimo livello di efficacia e i generi alimentari furono sottoposti a uno stretto razionamento. La relazione era esattamente ciò di cui avevano bisogno entrambi: Einstein aveva bisogno di qualcuno che si prendesse cura di lui ed Elsa aveva bisogno di prendersi cura di qualcuno. Nel 1918, quando la salute di Einstein migliorò, riemerse la questione del divorzio. Einstein fece una proposta generosa a Mileva, offrendole 9000 marchi all'anno,

[1] Plesch 1947.

2000 dei quali sarebbero stati destinati a un fondo per i figli; inoltre «Il premio Nobel, nel caso del divorzio e nel caso che mi venga conferito – le scrisse – verrebbe ceduto a te». Nel 1918 il premio ammontava a 135 000 corone svedesi (225 000 marchi), senza contare che la corona era una valuta stabile, mentre il marco dava già segni di collasso. Le trattative sui dettagli andarono avanti per mesi, ma alla fine l'offerta fu accettata, il divorzio fu ratificato nel febbraio 1919 (per ironia della sorte, il giorno di san Valentino) e Albert sposò Elsa in giugno.

Fu sempre nel 1919 che Einstein diventò famoso in tutto il mondo al di fuori della comunità scientifica, quando la sua previsione della deflessione della luce fu confermata dalle osservazioni di un'eclissi solare totale. L'icona di fama mondiale, tuttavia, aveva un aspetto molto diverso dall'affascinante giovanotto dai capelli scuri che aveva imboccato la strada della teoria generale della relatività nel 1905. La malattia e le privazioni della guerra l'avevano trasformato nel professore canuto che divenne l'immagine stessa dello scienziato (si pensi a Emmett Brown in *Ritorno al futuro*) fino a Stephen Hawking.

Il successo

Tra le altre cose, come abbiamo visto nel capitolo 3, la teoria generale della relatività prevede esattamente come si incurva lo spaziotempo nelle vicinanze di un oggetto dotato di una grande massa come il Sole e come, di conseguenza, vicino al Sole i raggi di luce (che immaginiamo viaggiare sempre in linea retta) seguono percorsi curvi. Questa curvatura dei raggi di luce apparirebbe dalla Terra, se potessimo vedere le stelle che si trovano al di là del Sole, come un minuscolo spostamento laterale nelle posizioni apparenti di queste stelle nel cielo – se la luce di queste stelle non fosse nascosta dalla luminosità del Sole. Si sapeva che il 29 maggio 1919 si sarebbe verificata un'eclissi totale, ma riuscire a effettuare le osservazioni necessarie mentre infuriava la guerra era poco probabile. I combattimenti in Europa cessarono appena in tempo. Nel 1919, dopo l'armistizio ma prima della firma del trattato di pace che pose fine alla guerra, partì una spedizione inglese guidata da Arthur Eddington per osservare l'eclissi solare da un'isola al largo della costa occidentale dell'Africa; la previsione della teoria generale fu confermata, in modo soddisfacente quanto meno per Eddington, anche se in verità le osservazioni erano appena sufficienti. Il fatto che una previsione tedesca fosse stata confermata da una spedizione inglese subito dopo la cessazione delle ostilità contribuì a garantire la massima pubblicità alla scoperta, annunciata in una riunione congiunta della Royal Society e della Royal Astronomical Society a Londra il 6 novembre 1919. La grandezza dello «spostamento» delle posizioni delle stelle nel cielo era, come previsto da Einstein, equivalente allo spessore di un fiammifero visto alla distanza di poco più di 800 metri.

La notizia, come titolarono i giornali, che la teoria della gravitazione di Isaac Newton era stata soppiantata, che lo spazio era curvo e che la luce poteva essere deviata passando vicino al Sole fece clamore in tutto il mondo e rese famoso Einstein. Il «Times», solitamente più misurato, titolò l'articolo *Rivoluzione nella scienza – Nuova teoria dell'Universo – Rovesciamento delle idee di Newton*. Il «New York Times» mostrò altrettanto entusiasmo:

TUTTE STORTE LE LUCI IN CIELO
Gli uomini di scienza eccitati
per i risultati dell'osservazione dell'eclissi
TRIONFA LA TEORIA DI EINSTEIN

Ovviamente, la teoria newtoniana non era stata «rovesciata». La teoria della gravitazione di Newton continua a valere nelle regioni di gravità debole ed è la teoria che gli scienziati dello spazio usano, per esempio, quando progettano le traiettorie di veicoli spaziali che visitano i pianeti del sistema solare. Potrebbero farlo usando le equazioni di campo della teoria generale, ma otterrebbero esattamente la stessa soluzione nell'«approssimazione di campo debole». La teoria di Einstein va oltre la teoria di Newton, ma la contiene al suo interno. Questo è un punto di cui si rendono conto di rado (quanto meno a giudicare dalla posta che ricevo) i teorici improvvisati che si dilettano a cercare di trovare una teoria migliore di quella di Einstein. Qualsiasi teoria della gravità, dello spazio e del tempo migliore della teoria generale della relatività dovrà contenerla, spiegare tutto ciò che spiega, compreso il comportamento di pulsar binarie e giroscopi in assenza di gravità.

Uno degli effetti della nuova condizione di celebrità di Einstein fu che la sua attività scientifica passò in secondo piano. Era diventato la figura iconica che, fino al fenomeno Stephen Hawking, ha fornito al pubblico l'immagine di come «dovrebbe» essere un grande scienziato. Con la scienza, però, Einstein non aveva ancora finito: nel 1924, all'età di quarantacinque anni, offrì un altro contributo importante alla teoria quantistica e negli anni trenta diede inizio a una linea di pensiero che oggi ha profonde implicazioni. Tra il 1919 e il 1924, tuttavia, pur continuando a svolgere quello che secondo i suoi criteri era il lavoro di routine di un fisico, si godette alcune conseguenze della fama, viaggiò e (specie dopo il conferimento del premio Nobel) iniziò a compiacersi del ruolo di figura paterna per la nuova generazione di fisici.

Benché nella Berlino del dopoguerra le condizioni economiche fossero spaventose e regnasse il caos politico, la presenza di colleghi come Planck con cui discutere di fisica spinse Einstein a restare là, anche se gli era stata offerta una cattedra speciale a Zurigo, nella sicura e confortevole Svizzera. Ciò non gli impedì di recarsi all'estero in quasi tutte le occasioni in cui venne invitato; accettò persino di tenere ogni anno una serie regolare di conferenze a Zurigo, non da ultimo perché essere pagato in stabile valuta svizzera gli era molto utile per migliorare le sue condizioni di vita a Berlino. Nel 1921 visitò per la prima volta gli Stati Uniti, dove tenne una serie di conferenze nell'ambito di un programma di raccolta di fondi per l'Università ebraica di Gerusalemme. Il pubblico gli riservò un'accoglienza simile a quella tributata a una pop star moderna e le sue conferenze sulla teoria della relatività attirarono un pubblico enorme, mentre al contempo era ricevuto dalle autorità e gli venivano conferite lauree *ad honorem*.

Se si considera che nel 1921 era famoso in tutto il mondo, può sembrare che il conferimento del premio Nobel per la Fisica sia stato piuttosto tardivo. In realtà, a partire dal 1910 Einstein era stato candidato ogni anno, tranne che nel 1911 e nel 1915. Per lo più, i vincitori del Nobel di quegli anni lo meritavano appieno, con la curiosa eccezione di Nils Dalén, un inventore svedese che lo vinse nel 1912 per il regolatore automatico per il controllo dell'illuminazione dei fari. Lo stesso anno, Einstein era stato candidato per la teoria ristretta della relatività. Nel 1916, quando Einstein fu candidato per le sue ricerche di fisica molecolare, non furono assegnati premi. Nel 1921, il Nobel per la Fisica fu posticipato e poi assegnato a Einstein l'anno successivo, mentre Niels Bohr vinse il Nobel nel 1922. Come recita la motivazione ufficiale, Einstein vinse il Nobel «per i suoi servizi alla fisica teorica e specialmente per la sua scoperta della legge dell'effetto fotoelettrico». Il premio però gli fu conferito «senza tenere conto del valore che verrà accordato alle sue teorie della relatività e della gravitazione una volta che in futuro saranno state confermate». Secondo un'interpretazione possibile, il comitato del Nobel non era ancora convinto dell'importanza della teoria generale; secondo un'interpretazione più generosa, che io preferisco, il comitato voleva prudentemente lasciare la possibilità di conferirgli un secondo premio una volta che la teoria della gravitazione fosse stata pienamente confermata. In ogni caso, Einstein non ricevette un altro premio, anche perché nei due decenni successivi molti fisici meritevoli vinsero il Nobel per i loro lavori di fisica quantistica. Quindi Einstein vinse il Nobel, ma non per il suo capolavoro! Non che ciò importasse a Mileva e ai ragazzi, ai quali andò il denaro mentre Albert ebbe per sé la gloria.

Al momento dell'annuncio del premio, gli Einstein erano in Giappone. Albert tenne una serie di conferenze come ospite della casa editrice Kaizosha, come aveva fatto con grande successo Bertrand Russell l'anno precedente. Prima che Russell lasciasse il Giappone, i suoi ospiti gli avevano domandato di indicare le tre persone viventi più eminenti, alle quali avrebbero rivolto lo stesso invito l'anno seguente. Russell fornì soltanto due nomi, Lenin e Einstein. Poiché Lenin all'epoca era occupato, invitarono Einstein. L'invito fu particolarmente gradito; per lui significava rimanere lontano dalla Germania per almeno sei mesi, a partire dall'ottobre 1922, in un momento in cui la situazione politica si stava deteriorando in seguito all'assassinio di Walther Rathenau, un ebreo che era ministro della Ricostruzione, da parte di estremisti di destra. L'attentato era avvenuto nel contesto di un antisemitismo e di una violenza crescenti.

Quando gli Einstein tornarono in Europa nel 1923, la fama di Albert aveva raggiunto livelli ancora più elevati, grazie al premio Nobel, ma la Germania stava sprofondando sempre di più nel collasso economico, in un'inflazione fuori controllo e nella violenza, che spianarono la strada all'ascesa del nazismo. In mezzo a quel caos, è ancora più sorprendente che alla bella età (per un fisico teorico) di quarantacinque anni Einstein abbia ancora prodotto un ultimo risultato scientifico davvero importante. Non lo fece da solo, però.

Un'ultima fatica quantistica

La fama di Einstein e la sua reputazione nella comunità scientifica erano tali che aspiranti scienziati e colleghi affermati gli inviavano comunicazioni da tutto il mondo. Nel giugno 1924 ricevette una lettera di un giovane fisico indiano, Satyendra Bose, dalla città di Dacca.[2] La lettera accompagnava un articolo scientifico inedito in cui Bose sviluppava in modi nuovi le idee di Einstein sulla luce e sulla radiazione. Bose aveva trovato un modo nuovo di derivare l'equazione della radiazione del corpo nero, senza ipotizzare in alcun modo che la luce si comportasse come un'onda, considerandola invece semplicemente come un gas quantistico obbediente a un nuovo tipo di leggi statistiche. Einstein si era fatto le ossa con le leggi statistiche e capì immediatamente l'importanza della scoperta. Innanzitutto tradusse in tedesco l'articolo di Bose (che era scritto in inglese) e lo fece pubblicare sulla «Zeitschrift für Physik», poi si dedicò a sviluppare l'idea, applicando le nuove leggi statistiche non solo a particelle di luce, ma anche, nelle condizioni opportune, a molecole e atomi.

In breve tempo la nuova tecnica statistica prese il nome di «statistica di Bose-Einstein»; le particelle che obbediscono alla statistica di Bose-Einstein si chiamano «bosoni». Einstein riuscì a usare la nuova statistica per formulare previsioni sulla natura della termodinamica e in particolare sul comportamento di certi liquidi a

[2] Ciò avvenne prima della divisione dell'India e della creazione del Pakistan; oggi Dacca è la capitale del Bangladesh.

temperature molto basse, i quali con la scomparsa della viscosità diventano «superfluidi»; la prevista superfluidità fu osservata sperimentalmente nel 1928 e il comportamento dei bosoni, o «condensati di Bose», è ancora oggi una questione di estremo interesse per i ricercatori.

Tuttavia l'aspetto di più ampia portata del lavoro di Einstein a metà degli anni venti emerse dall'analogia tra un gas quantistico e un gas molecolare. Einstein si rese conto che funzionava in entrambe le direzioni: se la radiazione del corpo nero in certe condizioni si comportava come un gas molecolare e se i quanti di luce, come era noto, avevano una natura ondulatoria, ne conseguiva che anche le molecole e altri oggetti materiali dovessero avere una natura ondulatoria.

Einstein pubblicò questa conclusione, derivata dalla statistica di Bose-Einstein, nel 1925; tuttavia non fu necessario che procedesse oltre e sviluppasse una teoria ondulatoria completa della materia, poiché qualcun altro aveva già concepito la stessa idea partendo da una prospettiva diversa. Il francese Louis de Broglie aveva completato la sua tesi di dottorato a Parigi nella primavera del 1924 e l'aveva presentata a Paul Langevin, un vecchio amico di Einstein. De Broglie era nato a Dieppe il 15 agosto 1892, e quindi era decisamente anziano come dottorando. Apparteneva a una famiglia aristocratica e inizialmente aveva studiato storia alla Sorbona, a cui si era iscritto nel 1909; in seguito però aveva iniziato a studiare anche la fisica per l'influenza del fratello Maurice, più grande di lui di diciassette anni, che diventò (contro il volere del padre) un ricercatore pionieristico interessato alla spettroscopia a raggi X. Maurice aveva ottenuto il dottorato nel 1908 ed era stato uno dei segretari scientifici del primo Congresso Solvay. Lo studio della fisica da parte di Louis fu interrotto nel 1913 da quello che avrebbe dovuto essere un breve periodo di servizio militare obbligatorio, ma che si prolungò per lo scoppio della guerra. Durante la prima guerra mondiale de Broglie prestò servizio nel settore delle comunicazioni radio dell'esercito, operando per un certo periodo sulla Tour Eiffel. Fu a causa del servizio militare e del passaggio dalla storia alla fisica che gli studi scientifici di de Broglie vennero ritardati, tanto che la sua tesi di dottorato fu presentata (alla Sorbona) soltanto nel 1924, quando aveva trentadue anni. A quel punto, però, aveva già pubblicato diversi articoli importanti sulle proprietà degli elettroni, degli atomi e dei raggi X; de Broglie fu uno dei primi fisici ad accettare pienamente l'idea dei quanti di luce, che discusse in un articolo pubblicato nel 1922.

La tesi sviluppava il lavoro di Einstein – il lavoro per cui aveva ricevuto il premio Nobel, che mostrava che la luce (considerata tradizionalmente come un'onda) poteva essere spiegata anche in funzione delle particelle (oggi note come fotoni) – e proponeva che anche le «particelle» potessero comportarsi come onde, con gli aspetti ondulatori e particellari dell'entità quantistica collegati dall'equazione lunghezza d'onda × quantità di moto = h, dove h è la costante di Planck. Il supervisore di de Broglie, Paul Langevin, restò sconcertato dalla tesi e la mostrò a Einstein. Questi (che aveva appena ricevuto l'articolo di Satyendra Bose sui quanti di luce) rispose assicurando Langevin che la tesi di de Broglie era un ottimo lavoro: «Sono convinto – scrisse – che non si tratti soltanto di una semplice analogia». De Broglie conseguì il dottorato. Nel suo secondo articolo sul «gas di Bose», Einstein fece un riferimento al lavoro di de Broglie che attirò l'attenzione di Erwin Schrödinger e lo avviò sulla strada che portò alla meccanica ondulatoria.[3]

In altre parole, nella sua tesi de Broglie suggerì che tutte le particelle materiali (come gli elettroni) hanno una lunghezza d'onda. Cinque anni più tardi, vinse il premio Nobel per il suo lavoro.[4] A quel punto, in gran parte grazie alla svolta rappresentata dalla sua comprensione che anche le particelle materiali hanno una natura ondulatoria, la teoria quantistica era ormai affermata – e Einstein aveva avuto un ruolo sia all'inizio sia alla fine della storia. Nel 1928, però, Einstein era stato di nuovo gravemente ammalato. Nel 1929, l'anno del Nobel a de Broglie, Einstein aveva cinquant'anni, non era più un protagonista della scena scientifica e iniziava a rendersi conto che ben presto la situazione in Germania sarebbe potuta diventare insostenibile.

[3] Cfr. Gribbin 2012.

[4] Non da ultimo perché le lunghezze d'onda degli elettroni erano state misurate da George Thomson nel 1927.

L'esilio

Anche se continuò a svolgere ricerche e a scrivere articoli scientifici, dopo aver compiuto cinquant'anni Einstein non produsse altro al livello dei suoi risultati precedenti, il che peraltro non sorprende affatto. Da quel momento in poi la sua vita scientifica fu dedicata al vano tentativo di trovare un'unica teoria matematica (una teoria unificata) che descrivesse tanto il mondo materiale quanto il mondo della radiazione elettromagnetica, così come Maxwell aveva unificato in una sola teoria la descrizione dell'elettricità e del magnetismo. Era un nobile tentativo, ma destinato a fallire, data la limitata comprensione del mondo delle particelle, in particolare, che i fisici avevano all'epoca. Non descriverò questo lavoro, ma tratteggerò a grandi linee gli ultimi anni di Einstein, citando soltanto una sua idea importante, anche se non ebbe il seguito che si augurava.

Aggrappandosi alla speranza che la situazione politica in Germania potesse ancora migliorare, Einstein evitò fino all'ultimo di dimettersi dal suo incarico a Berlino, però negli anni successivi trascorse quanto più tempo possibile fuori dal Paese. Dopo aver passato l'estate del 1930 a Berlino, in autunno visitò Bruxelles, Londra e Zurigo (dove ricevette la laurea *honoris causa* dall'ETH), fece ritorno per poco a Berlino e poi si imbarcò per la California da Anversa il 2 dicembre. Dopo una tappa a New York e l'attraversamento del canale di Panama, il lungo viaggio terminò a San Diego il 30 dicembre. Einstein si fermò come *visiting professor* al Caltech (California Institute of Technology), a Pasadena, fino a metà marzo 1931.

Anche quella volta tornò a Berlino per poco tempo. In maggio, accettò l'invito a trascorrere un mese a Oxford per tenere una serie di conferenze. La visita ebbe un tale successo che gli fruttò l'invito a diventare *visiting fellow* presso un College di Oxford, il Christ Church, per cinque anni, con uno stipendio annuo di 400 sterline. Sarebbe potuto andare e venire a suo piacimento, a patto che ogni anno trascorresse un po' di tempo a Oxford. Come era chiaro a tutte le persone coinvolte, un tale accordo, a parte la sua intrinseca attrazione, gli avrebbe offerto una via di fuga se la situazione in Germania fosse peggiorata.

Allo stesso tempo, Einstein veniva corteggiato dal Caltech, con l'offerta di 7000 dollari per un altro soggiorno nell'inverno seguente, e l'intesa che, se avesse voluto, l'incarico sarebbe potuto diventare permanente. Ancora una volta, gli Einstein si imbarcarono il 2 dicembre e ancora una volta arrivarono in California alla fine dell'anno. Fu durante quella visita che Einstein incontrò qualcuno che di lì a poco gli fece ottenere un incarico stabile.

La persona con cui entrò in contatto era Abraham Flexner, uno stimatissimo amministratore scientifico americano, che aveva ottenuto i fondi per un nuovo istituto di ricerca a Princeton e girava la costa occidentale alla ricerca di eminenti scienziati da reclutare. Chi meglio del più eminente scienziato del Novecento? Flexner si rese conto che se fosse riuscito a indurre Einstein a entrare a far parte del suo nuovo istituto, la sua presenza avrebbe calamitato altri scienziati, garantendo il successo del progetto, ma per ottenere il suo scopo adottò un approccio delicato e prudente.

Einstein tornò in Europa nel 1932, deciso a trascorrere l'inverno successivo al Caltech, ma senza progettare un trasferimento permanente. Durante l'estate, mentre si trovava a Oxford, incontrò di nuovo Flexner (sempre in cerca di personale da reclutare). Questa volta l'americano offrì a Einstein un posto in quello che sarebbe diventato l'Institute for Advanced Study, alle condizioni che Einstein desiderava. In giugno raggiunsero un accordo. Einstein sarebbe rimasto a Princeton per sei mesi all'anno, a partire dall'autunno 1933, con uno stipendio di 10 000 dollari, e l'istituto avrebbe pagato tutte le spese di viaggio. L'accordo arrivò appena in tempo. In seguito alle elezioni del luglio 1932, il Partito nazionalsocialista divenne il partito più forte del Reichstag; il disastro era imminente. Ufficialmente, quando Albert ed Elsa partirono per la terza e ultima visita al Caltech nel dicembre 1932, Einstein sarebbe dovuto tornare a Berlino per riprendere servizio all'Università ad aprile dell'anno successivo, ma quando chiuse la porta del loro appartamento Einstein si voltò verso la moglie e le disse: «Guardalo bene. Non lo rivedrai mai più».[5]

[5] Cit. in Frank 1947.

Adolf Hitler fu nominato cancelliere del Reich il 30 gennaio 1933 e nell'ondata di antisemitismo che seguì il conto bancario di Einstein fu congelato, la sua casa fu saccheggiata e i nazisti dettero pubblicamente alle fiamme copie di un suo libro divulgativo sulla relatività. Gli Einstein tornarono in Europa alla fine di marzo, ma non potendo ovviamente mettere piede in Germania trascorsero il tempo parte a Oxford e parte in Belgio, prima di ripartire per Princeton in ottobre. All'epoca ciò non venne ancora considerato un trasferimento permanente e ci si aspettava che Einstein tornasse a Oxford l'estate successiva. Furono anche fatti alcuni passi per concedergli la cittadinanza inglese. In realtà dopo il 1933 Einstein lasciò gli Stati Uniti soltanto una volta, quando si recò alle Bermude nel maggio 1935 per poter avanzare richiesta formale di rientrare nel Paese come residente permanente.

Subito dopo aver compiuto questo passo, gli Einstein poterono acquistare una casa a Princeton, al 112 di Mercer Street – prima di allora avevano vissuto in un appartamento in affitto –, ma Elsa non poté godersi a lungo la nuova proprietà, poiché si ammalò durante l'estate e non si riprese mai del tutto. Morì nella casa di Mercer Street il 20 dicembre 1936. A quanto pare Einstein, che manifestò sempre un carattere indipendente, superò in fretta la perdita della moglie. All'epoca la figliastra Margot, divorziata, si occupava già della casa e di lui, in più la sua efficiente segretaria, Helen Dukas, lo proteggeva dalle intrusioni esterne. Come scrisse all'amico Max Born poco dopo la morte di Elsa:

> Mi sono acclimatato benissimo qui. Me ne sto in letargo come un orso nella tana; mai, nella mia mutevole esistenza, mi sono sentito tanto a casa mia. La mia orsaggine è stata acuita dalla morte della mia compagna, che era legata agli esseri umani più di me.[6]

Una fantomatica azione a distanza

L'anno prima della morte di Elsa, Einstein offrì il suo ultimo contributo di rilievo alla scienza, anche se si sarebbe molto meravi-

[6] Einstein, Born e Born 1971.

gliato degli sviluppi successivi di un'idea formulata nel 1935 e della sua importanza nella fisica applicata del secolo XXI.

L'idea, conosciuta con le iniziali degli autori dell'articolo in cui venne presentata come «esperimento EPR» (anche se la mente dietro a tutto era quella di Einstein), fu proposta in origine nel 1935 da Einstein e da due suoi colleghi di Princeton, Boris Podolsky e Nathan Rosen. Era un esperimento mentale (come quello dell'ascensore in caduta libera) inteso a dimostrare l'impossibilità logica della meccanica quantistica (di cui erano convinti i tre autori). Einstein non si aspettava che un tale esperimento potesse mai essere realizzato, tuttavia l'idea fondamentale fu adattata da David Bohm negli anni cinquanta e perfezionata da John Bell negli anni sessanta fino a diventare un esperimento fattibile che fu effettivamente realizzato negli anni ottanta, in particolare dall'équipe di Alain Aspect a Parigi, stabilendo che in realtà la natura ha un comportamento contrario al buon senso.

Nella versione originaria dell'esperimento mentale – chiamato a volte «paradosso EPR», anche se in realtà non è un paradosso – i tre autori immaginarono una coppia di particelle che interagiscono e poi si separano, allontanandosi e non interagendo con nient'altro fino a quando lo sperimentatore decide di osservarne una. Nel momento in cui le particelle interagiscono, è possibile misurare la quantità di moto totale del sistema, che non può cambiare se le particelle non interagiscono con qualche altra cosa. Pertanto se lo sperimentatore, molto più tardi, decide di misurare la quantità di moto di una particella, è possibile calcolare la quantità di moto dell'altra particella, lontanissima, sottraendo dal totale la quantità di moto misurata. Sappiamo che, in base alla fisica quantistica, misurando la quantità di moto della prima particella distruggiamo l'informazione sulla sua posizione, a causa del principio di indeterminazione di Heisenberg. Il terzetto EPR, tuttavia, suggerì la possibilità di evitare l'incertezza quantistica misurando la quantità di moto della prima particella e la posizione della seconda, calcolando al contempo la quantità di moto della seconda particella nel modo appena descritto a grandi linee. L'unica alternativa sarebbe che misurando la quantità di moto della prima particella distruggiamo (o impediamo che sia mai esistita) l'informazione sulla posizione della seconda, all'istante, indipendentemente da quanto sono lontane.

Einstein la definì una «fantomatica azione a distanza», sostenendo che fosse logicamente assurdo e impossibile per qualsiasi comunicazione viaggiare più veloce della luce e quindi che la teoria quantistica fosse sbagliata. Gli esperimenti però mostrano che in realtà questo tipo di «non-località» è proprio una caratteristica del mondo quantistico e che le misurazioni effettuate su una particella di questa coppia quantistica in effetti influenzano l'altra, istantaneamente, qualunque sia la distanza che le separa. È esattamente il contrario di ciò che si aspettava Einstein (e anche John Bell). Un aspetto ancora più cruciale è che gli esperimenti mostrano che la non-località è una caratteristica non solo della teoria quantistica, ma anche del mondo fisico. Se una teoria, quale che sia, è la descrizione migliore della realtà, deve comprendere la non-località, così come qualunque teoria soddisfacente della gravità deve comprendere la legge dell'inverso del quadrato. E questa non è una teorizzazione astratta. Questo *entanglement* delle entità quantistiche oggi viene sfruttato per scopi pratici nella nascente tecnologia della computazione quantistica, nello sviluppo di codici quantistici impossibili da decifrare e (tra poco) di una rete Internet quantistica completamente sicura.[7] Questa è diventata una delle parti più durature e rilevanti dell'eredità di Einstein, seppur nella direzione opposta a quella che aveva in mente. Però fu davvero il suo canto del cigno.

Gli ultimi anni

Negli anni successivi, quasi tutti gli altri membri della famiglia di Einstein si trasferirono negli Stati Uniti. Hans Albert, che aveva completato il dottorato in ingegneria all'ETH nel 1936, arrivò negli Stati Uniti nel 1937 con la moglie e il figlio e vi si stabilì; morì nel 1973. Eduard, che all'inizio degli anni trenta aveva sviluppato una grave malattia mentale, morì nel 1965 in una clinica psichiatrica

[7] Cfr. Gribbin 2013.

svizzera. Nel 1939 Maja e il marito Paul Winteler dovettero lasciare l'Italia, dove era al potere il fascismo. Paul, a cui fu negato l'ingresso negli Stati Uniti, si stabilì a Ginevra; Maja raggiunse la famiglia a Princeton.

Nel 1939, come è noto, Einstein ebbe parte nel richiamare l'attenzione del presidente americano, Franklin Delano Roosevelt, sulla prospettiva della bomba atomica. La storica lettera a Roosevelt in realtà fu redatta da altri scienziati, preoccupati che la Germania di Hitler potesse costruire armi atomiche, ma Einstein venne persuaso a firmarla e a inviarla al presidente, perché il suo nome sarebbe stato di maggior peso. La lettera ebbe ben poche conseguenze prima dell'attacco giapponese a Pearl Harbour nel 1941, ma fu il primo passo negli Stati Uniti verso la costruzione della bomba atomica, anche se Einstein (che divenne cittadino americano il 1° ottobre 1940) non ebbe alcun ruolo nel Progetto Manhattan. Ciò fu dovuto in parte al fatto che le autorità competenti dubitavano della sua discrezione ed erano preoccupate delle simpatie per la sinistra e per i pacifisti che aveva espresso in anni precedenti. Tuttavia Einstein era consapevole da tempo della possibilità di usare l'energia nucleare come fonte di energia sostitutiva di carbone e petrolio. Nel 1920, discutendo con Alexander Moszkowski dell'allora recente lavoro di Ernest Rutherford sulla «scissione dell'atomo», aveva commentato: «Sembra possibile che, in certe condizioni, la natura continui automaticamente la rottura degli atomi, dopo che un essere umano l'abbia intenzionalmente iniziata, come nel caso analogo di una conflagrazione che si estende, pur potendo essere iniziata da una sola scintilla».[8] Il fenomeno oggi è noto come «reazione a catena».

Il contributo di Einstein allo sforzo bellico americano si limitò alla sua azione come consulente della Marina militare, che lo incaricò di valutare l'efficacia di nuove armi. Era un lavoro ideale per un ex esperto tecnico dell'Ufficio brevetti svizzero, ma forse non sfruttava appieno le sue capacità.

Dopo la guerra Einstein fu di nuovo gravemente malato per un breve periodo e non si rimise mai del tutto. Ufficialmente andò in

[8] Moszkowski 1970.

pensione nel 1945, però mantenne il suo ufficio all'Institute e continuò a lavorare in quella stanza ogni volta che lo desiderava e si sentiva in vena. Maja aveva intenzione di tornare in Svizzera alla fine della guerra, ma ebbe un ictus che la costrinse a letto; Einstein lesse per lei ogni giorno fino alla sua morte, che avvenne nel 1951. Mileva era già morta, a Zurigo, nel 1948. Non stupisce che all'arrivo della famosa offerta della presidenza di Israele, nel novembre 1952, Einstein, allora settantatreenne, non se la sentisse di accettare. Nella lettera formale in cui declinava l'invito, scrisse: «Sono privo sia dell'attitudine naturale sia dell'esperienza necessarie per trattare in modo appropriato le persone ed esercitare funzioni ufficiali ... anche se l'avanzare dell'età non esigesse sempre di più dalle mie forze».[9]

Nonostante il declino fisico, tuttavia, Einstein restò sempre mentalmente attivo e cercò di usare il potere del suo nome per stroncare sul nascere la corsa agli armamenti nucleari. Dopo l'annuncio del programma americano per la bomba all'idrogeno, nel 1950, Einstein intervenne in un programma televisivo avvertendo che, a meno di non fermare il continuo sviluppo di bombe sempre più grandi e «migliori»,

> l'avvelenamento radioattivo e, di conseguenza, la distruzione di qualunque forma di vita sulla Terra entreranno a far parte dell'insieme delle cose tecnicamente possibili. L'aspetto bizzarro di questo sviluppo è il suo carattere apparentemente inesorabile. Ciascun passo sembra essere l'inevitabile conseguenza di quello precedente. E alla fine sta la distruzione generale, che si profila sempre più chiaramente.[10]

Fino alla fine della vita, Einstein continuò a pronunciarsi apertamente contro la corsa agli armamenti nucleari e in difesa delle libertà civili attaccate nei primi anni cinquanta dalla caccia alle streghe di McCarthy. Ma la fine non era lontana. Si ammalò di nuovo nell'aprile 1955, non molto tempo dopo aver compiuto settantasei anni. Un mese dopo il cinquantesimo anniversario del completamento del suo primo articolo dell'*annus mirabilis* (l'articolo che gli fece vincere il Nobel), e sette mesi prima del quarante-

[9] Nathan e Norden 1960.
[10] Pais 1982.

simo anniversario della presentazione del suo capolavoro, Einstein fu ricoverato in ospedale. Rifiutò qualunque trattamento che gli prolungasse la vita, ritenendolo «di cattivo gusto». Poco dopo l'una di notte del 18 aprile 1955, assistito soltanto da un'infermiera, mormorò qualcosa in tedesco e morì. L'infermiera non sapeva una parola di tedesco.

Riferimenti bibliografici

Le citazioni di Einstein sono tratte, salvo indicazioni contrarie, dai *Collected Papers* (Einstein 1987-2006), che arrivano fino agli anni venti, coprendo la maggior parte della storia raccontata in questo libro (cfr. in particolare i voll. I, II e VI).

Aczel, Amir D.

1999 *God's Equation. Einstein, Relativity, and the Expanding Universe*, Four Walls Eight Windows, New York [trad. it. *L'equazione di Dio. Einstein, la relatività e l'universo in espansione*, il Saggiatore, Milano 2011].

Antoniadis, John *et al.*,

2013 A *Massive Pulsar in a Compact Relativistic Binary*, in «Science», CCCXL, 6131, 26 aprile.

Bernstein, Jeremy

1996 *Albert Einstein and the Frontiers of Physics*, Oxford University Press, New York [trad. it. *L'uomo senza frontiere. Vita e scoperte di Albert Einstein*, il Saggiatore, Milano 2012].

Brown, Robert

1828 *A Brief Account of Microscopical Observations Made on the Particles Contained in the Pollen of Plants*, in «Philosophical Magazine», IV.

Calaprice, Alice (a cura di)

2010 *The Ultimate Quotable Einstein*, Princeton University Press, Princeton.

Cawkell, Tony e Garfield, Eugene

1980 *Assessing Einstein's Impact on Today's Science by Citation Analysis*, in Maurice Goldsmith, Alan Mackay e James Woudhuysen (a cura di), *Einstein. The First Hundred Years*, Pergamon, Oxford.

Cheng, Ta-Pei

2013 *Einstein's Physics. Atoms, Quanta, and Relativity Derived, Explained, and Appraised*, Oxford University Press, Oxford.

Clark, Ronald

1973 *Einstein. The Life and Times*, Hodder & Stoughton, London [trad. it. *Einstein. La vita pubblica e privata del più grande scienziato del nostro tempo*, Rizzoli, Milano 1976].

Einstein, Albert

1921 *Relativity*, Holt, New York [trad. it. *Relatività. Esposizione divulgativa*, Boringhieri, Torino 1960; rist. anast. Bollati Boringhieri, Torino 2015].

1954 *Ideas and Opinions. Based on «Mein Weltbild»*, a cura di Carl Seelig, Random House, New York [trad. it. *Idee e opinioni. Come io vedo il mondo*, Schwarz, Milano 1957; n. ed. Fabbri, Milano 1998].

1979 *Autobiographical Notes*, a cura di Paul Arthur Schlipp, Open Court, La Salle [trad. it. *Autobiografia scientifica. Con interventi di Wolfgang Pauli, Max Born, Walter Heitler, Niels Bohr, Henry Margenau, Hans Reichenbach, Kurt Gödel*, Bollati Boringhieri, Torino 2014].

1987-2006 *The Collected Papers*, I-X, Princeton University Press, Princeton [trad. it. degli scritti fondamentali: *Opere scelte*, a cura di Enrico Bellone, Bollati Boringhieri, Torino 1988, e *Le due relatività. Gli articoli originali del 1905 e 1916*, a cura di Vincenzo Barone, Bollati Boringheri, Torino 2015].

– Born, Hedwig e Born, Max

1971 *The Born-Einstein Letters. Correspondence between Albert Einstein and Max and Hedwig Born from 1916 to 1955*, Macmillan, London [trad. it. *Scienza e vita. Lettere 1916-1955*, Einaudi, Torino 1981].

– e Marič, Mileva

1992 *The Love Letters*, a cura di Jürgen Renn e Robert Schulmann, Princeton University Press, Princeton [trad. it. *Lettere d'amore*, Bollati Boringhieri, Torino 1993].

Epstein, Lewis Carroll

1987 *Relativity Visualized*, n. ed. Insight Press, San Francisco.

Fölsing, Albrecht

1997 *Albert Einstein. A Biography*, Viking, New York.

Frank, Phillip

1947 *Einstein. His Life and Times*, Knopf, New York [trad. it. *Einstein. La sua vita e il suo tempo*, Garzanti, Milano 1949; n. ed. Castelvecchi, Roma 2015].

Gamow, George

1965 *Mr. Tompkins in Paperback*, Cambridge University Press, Cambridge [trad. it. *Le avventure di Mr. Tompkins. Viaggio scientificamente fantastico nel mondo della fisica*, Dedalo, Bari 1995].

1970 *My World Line. An Informal Autobiography*, Viking, New York [trad. it. *La mia linea di universo. Un'autobiografia informale*, Dedalo, Bari 2008].

Gribbin, John

1984 *In Search of Schrödinger's Cat. Quantum Physics and Reality*, Bantam, New York.

1992 *In Search of the Edge of Time. Black Holes, White Holes, Wormholes*, Bantam, London [trad. it. *Costruire la macchina del tempo. Viaggio attraverso i buchi neri e i cunicoli spazio-temporali*, Aporie, Roma, 1996].

2012 *Erwin Schrödinger and the Quantum Revolution*, Bantam, London [trad. it. *Erwin Schrödinger. La vita, gli amori e la rivoluzione quantistica*, Dedalo, Bari 2013].

2013 *Computing with Quantum Cats. From Alan Turing to Teleportation*, Bantam, London.

Gribbin, John e Gribbin, Mary

2008 *Time Travel for Beginners*, Hodder, London.

Heilbron, John L.

1986 *The Dilemmas of an Upright Man. Max Planck as Spokesman for German Science*, University of California Press, Berkeley [trad. it. *I dilemmi di Max Planck. Portavoce della scienza tedesca*, Bollati Boringhieri, Torino 1988].

Hey, Tony e Walters, Patrick

1997 *Einstein's Mirror*, Cambridge University Press, Cambridge-New York.

Isaacson, Walter

2007 *Einstein. His Life and Universe*, Simon & Schuster, New York [trad. it. *Einstein. La sua vita, il suo universo*, Mondadori, Milano 2008].

Levenson, Thomas

2003 *Einstein in Berlin*, Bantam, New York.

Millikan, Robert

1916 *Quantenbeziehungen beim photoelektrischen Effekt*, in «Physikalische Zeitschrift», XVII.

1951 *The Autobiography*, Macdonald, London.

Moszkowski, Alexander

1970 *Conversations with Einstein*, Horizon Press, New York.

Nathan, Otto e Norden, Heinz (a cura di)
1960 *Einstein on Peace*, Simon & Schuster, New York.

Oppenheimer, Julius R. e Snyder, Hartland
1939 *On Continued Gravitational Contraction*, in «Physical Review», LVI.

Overbye, Dennis
2000 *Einstein in Love. A Scientific Romance*, New York, Viking [trad. it. *Einstein innamorato. La vita di un genio tra scoperte scientifiche e passione romantica*, Bompiani, Milano 2002].

Pais, Abraham
1982 *«Subtle is the Lord...». The Science and the Life of Albert Einstein*, Oxford University Press, Oxford-New York [trad. it. *«Sottile è il Signore...». La scienza e la vita di Albert Einstein*, Bollati Boringhieri, Torino 2012].

Plesch, János
1947 *János. The Story of a Doctor*, Gollancz, London.

Rigden, John
2005 *Einstein 1905. The Standard of Greatness*, Harvard University Press, Cambridge (Mass.).

Seelig, Carl
1956 *Albert Einstein. A Documentary Biography*, Staples Press, London.

Stachel, John
1998 *Einstein's Miraculous Year. Five Papers That Changed the Face of Physics*, Princeton University Press, Princeton [trad. it. *L'anno memorabile di Einstein. I cinque scritti che hanno rivoluzionato la fisica del Novecento*, Dedalo, Bari 2001].

Stannard, Russell
1989 *The Time and Space of Uncle Albert*, Faber & Faber, London [trad. it. *Il tempo e lo spazio di zio Albert*, Salani, Firenze 1991].

White, Michael e Gribbin, John
2005 *Einstein. A Life in Science*, n. ed. Simon & Schuster, London.

Will, Clifford M.
1986 *Was Einstein Right? Putting General Relativity to the Test*, Basic Books, New York [trad. it. *Einstein aveva ragione? Le prove sperimentali della relatività generale*, Bollati Boringhieri, Torino 1989].

Indice analitico